人人都能学

AI

左歌 罗杰 庄肃常 ◎ 主编

北方妇女儿童出版社
·长春·

版权所有　侵权必究

图书在版编目（CIP）数据

人人都能学AI / 左歌, 罗杰, 庄肃常主编. -- 长春：北方妇女儿童出版社, 2025.4. -- ISBN 978-7-5585-9369-7

Ⅰ. TP18

中国国家版本馆CIP数据核字第20257LD822号

人人都能学AI
RENREN DOU NENG XUE AI

出 版 人	师晓晖
责任编辑	刘书吟
装帧设计	李东杰
开　　本	710mm×1000mm　1/16
印　　张	8
字　　数	80千字
版　　次	2025年4月第1版
印　　次	2025年4月第1次印刷
印　　刷	三河市南阳印刷有限公司
出　　版	北方妇女儿童出版社
发　　行	北方妇女儿童出版社
地　　址	长春市福祉大路5788号
电　　话	总编办：0431-81629600

定　　价　59.00元

前　言

在当今科技飞速发展的时代，人工智能（AI）正以惊人的速度渗透到我们生活的方方面面。从智能手机上的语音助手到社交媒体上的个性化推荐，从职场中的高效办公工具到生活中的便捷服务，AI 已经成为生活中不可或缺的一部分。然而，对于许多人来说，AI 仍然是一个神秘而复杂的领域。本书旨在揭开 AI 的神秘面纱，帮助读者全面了解 AI，让每个人都能更好地利用 AI 改善生活和提高工作效率。

本书共分为五个章节，内容涵盖 AI 的基础概念、工具实战入门、生活场景应用、职场效率提升以及未来发展趋势。通过通俗易懂的语言和丰富的实例，我们将带领读者逐步探索 AI 的世界，从基础原理到实际操作，从生活点滴到职场变革，全面展现 AI 的魅力和潜力。

在第一章中，我们将重新理解 AI，探讨其基本概念和工作原理。通过生动的实例，如抖音的个性化推荐和手机相册的智能分类，读者将直观感受到 AI 如何融入我们的日常生活。同时，我们还将分析 AI 对职场和生活的影响，帮助读者理解如何在职场中利用 AI 提升竞争力，在生活中借助 AI 提高效率和乐趣。

第二章将为读者提供实用的 AI 工具操作指南。我们将详细介绍如何注册并使用热门的 AI 工具，如文心一言、Kimi 和 DeepSeek。通过简单的步骤和清晰的图示，读者将学会如何利用这些工具生成高质量的文章、进行数据分析以及处理 PDF 和 Excel 文档。此外，我们还将分享一些实用的技巧和注意事项，帮助读者避免常见的陷阱，提高 AI 工具的使用效果。

第三章将聚焦于 AI 在生活场景中的应用。从旅行计划的制订到健身教练的指导，从家庭开支的管理到菜谱的生成，AI 正在改变我们的生活方式。我们将通过具体的实例和操作指南，展示如何利用 AI 工具提升生活品质，解决日常问题。无论是制订个性化的旅行计划，还是管理家庭财务，AI 都能成为我们得力的助手。

第四章将探讨 AI 在职场中的应用，帮助读者提升工作效率。我们将介绍如何利用 AI 自动生成会议纪要、撰写周报和制作 PPT，以及如何进行竞品数据分析和批量处理客户咨询。通过实际案例和操作步骤，读者将学会如何在职场中运用 AI 工具，实现高效办公，提升职业竞争力。

在第五章中，我们将展望 AI 的未来发展趋势，探讨如何搭建专属的 AI 知识库，实现多语言自由切换，监控行业动态，预测市场趋势以及防范 AI 安全风险。我们将为读者提供前瞻性的视角，帮助大家把握 AI 的未来发展方向，为个人和职业发展做好准备。

本书是一本全面、实用且易于理解的 AI 指南。无论你是对 AI 一无所知的初学者，还是希望深入了解 AI 应用的职场人士，或是对 AI 未来充满好奇的探索者，本书都将为你提供有价值的信息和实用的技巧。

目 录

第一章
AI 认知革命——重新理解人工智能

什么是 AI？普通人为什么要掌握它 / 2

如何区分 AI 的"神话"与"现实" / 6

哪些 AI 工具适合零基础小白 / 10

如何用 AI 快速提升生活效率 / 14

工作中哪些场景可以交给 AI / 17

如何避免 AI 的"幻觉"陷阱 / 21

第二章
工具实战入门——保姆级操作指南

如何注册并使用文心一言、Kimi、DeepSeek / 26

如何用 AI 生成一篇高质量文章 / 29

如何让 AI 帮你做数据分析 / 33

如何用 AI 处理 PDF/Excel 文档 / 38

如何训练专属 AI 客服助手 / 42

如何用 AI 生成短视频脚本 / 46

第三章
生活场景全攻略——AI 改造日常

如何用 AI 制订个性化旅行计划 / 50

如何让 AI 成为你的健身教练 / 53

如何用 AI 管理家庭开支 / 56

如何用 AI 生成家庭菜谱 / 61

如何用 AI 辅导孩子学习 / 64

如何用 AI 创作节日祝福视频 / 69

第四章
职场效率革命——AI 办公实战

如何用 AI 自动生成会议纪要 / 74

如何让 AI 帮你写周报、制作 PPT / 77

如何用 AI 分析竞品数据 / 82

如何用 AI 批量处理客户咨询 / 86

如何用 AI 生成设计初稿 / 89

如何用 AI 优化工作流程 / 93

第五章
进阶与未来——成为 AI 应用高手

如何搭建专属 AI 知识库 / 98

如何用 AI 实现多语言自由切换 / 101

如何用 AI 监控行业动态 / 105

如何用 AI 预测市场趋势 / 108

如何防范 AI 安全风险 / 111

未来 5 年 AI 会如何改变生活 / 116

第一章

AI 认知革命
——重新理解人工智能

人人都能学 AI

什么是 AI？
普通人为什么要掌握它

在科技日新月异的今天，AI 正以前所未有的速度融入我们的生活。它不知疲倦地为我们提供着各种便利和帮助，但其"思考"方式却与人类截然不同，它依靠电路进行运算，而非依赖咖啡因来提神醒脑。简单来说，AI 就是一种让电脑具备"像人一样思考"能力的技术，它正在逐渐改变我们的生活方式和工作模式。

一、AI 的神奇应用

我们在日常生活中已经能够深切感受到 AI 带来的变化。比如，当你刷抖音时，总能刷到自己喜欢的猫视频，这背后其实是 AI 在发挥作用。它偷偷观察你的点赞记录，分析你的喜好，从而为你精准推荐相关内容。再如，手机相册能够自动将照片分类为"美食""自拍""表情包"等，这就像是 AI 成为我们的私人

整理师，让我们的生活变得更加有序。

二、AI 的工作原理

要理解 AI 的工作原理并不复杂。AI 就像是一个贪吃的数据"怪兽"，它会大量"吃"掉图片、文字等各种数据，就如同我们刷剧积累表情包一样。然后，通过一系列复杂的数学运算，也就是所谓的"数学魔法"，从这些数据中找到规律。例如，发现带有猫耳元素的图片往往能获得更多的点赞。最后，AI 会根据这些规律做出预测，下次看到猫耳元素时，就会自动将其推荐给可能感兴趣的人，也就是各位铲屎官们。

三、AI 对职场和生活的影响

（一）职场生存新法则

在职场中，AI 的应用已经越来越广泛。某广告公司就是一个很好的例子，他们利用 AI 生成 100 条 slogan 仅需 5 分钟，而人类员工可能还在纠结于一个感叹号的使用。但是这并不意味着 AI 要取代人类，而是那些会运用 AI 工具的人正在抢占先机。他们能够借助 AI 的高效和精准，在短时间内完成大量的工作任务，从而获得更多的竞争优势。

（二）生活开挂神器

在生活中，AI 也为我们提供了许多便捷的工具。过去，写周报可能需要花费两个小时，现在只需输入关键词，就能瞬间得到 10 个不同版本的周报。制作 PPT 也不再需要寻求设计师帮忙，只需输入文字，就能自动生成带有动画效果的幻灯片。学习外语也不再是枯燥的背单词书，而是可以与 AI 虚拟人进行情景对话，让学习变得更加有趣和高效。

四、简单易用的 AI 神器

（一）秒变插画大师

对于手残党来说，也能轻松玩转 AI 神器。比如，通过打开 AI 绘画网站（推荐 DALL·E 或国产工具），只需输入简单的描述，如"柴犬穿宇航服吃火锅，赛博朋克风格"，然后点击生成，就能收获一幅充满创意的插画作品，让你在朋友圈收获众多点赞。

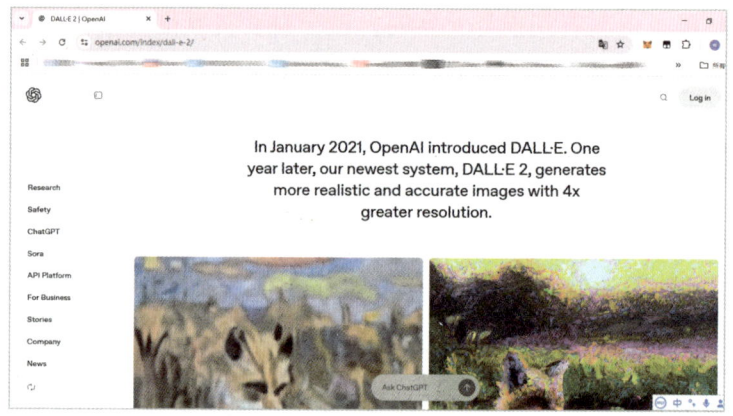

（二）打造个人智能助理

打造个人智能助理也变得十分简单。无须编写代码，只需下载语音助手 App，然后说出指令，如"明天上午提醒我买猫粮，顺便查查附近宠物店优惠"，AI 就会自动为你创建提醒并推送打折信息。

五、正确使用 AI 的方法和资源

（一）正确打开方式

在使用 AI 的过程中，我们也需要注意一些问题。比如，AI 生

第一章 AI认知革命——重新理解人工智能

成的内容可能会存在不准确或不符合预期的情况，就像AI生成的情书可能会把"你眼睛像星星"写成"你瞳孔像摄像头"。因此，我们在给AI下达指令时，要尽可能具体、详细。

（二）免费资源大放送

对于想要学习和应用AI的人来说，有很多免费的资源可供利用。在入门阶段，可以在B站搜索《AI工具从入门到入土》，系统地了解AI的基本知识和操作方法。想要进行实战练习，可以参加"用AI生成小说开头"创作大赛。如果想要在社交场合中显得更加专业，不妨记住一些AI相关的术语，如Prompt（给AI的"点菜口令"）、LLM（大型语言模型）、AGI（终极形态AI，目前还在科幻片里）。

此外，还有一个有趣的小彩蛋等待大家去探索。现在打开任意AI工具，输入"请用东北话解释量子物理"，你会收获一份别样的快乐。

人人都能学 AI

如何区分 AI 的"神话"与"现实"

在人类对科技的无尽遐想中，AI 始终占据着一席之地。它的起源可以追溯到 2500 年前的古希腊时期，那时人们幻想着铜巨人塔洛斯能够守护城池，为城市带来安宁。而如今，在科幻片的世界里，AI 的形象更是丰富多彩，或是《终结者》里那企图毁灭世界的天网，或是《钢铁侠》中无所不能的贾维斯，它们或正或邪，或强大或神秘，不断激发着人们对未来科技的想象。然而，当我们抛开这些绚丽的幻想，现实中的 AI 究竟是什么样子呢？

科幻版的 AI 仿佛拥有神奇的魔力，它们被赋予了自我进化和统治人类的能力，仿佛是超越人类的神祇。它们能瞬间破解核弹密码，在眨眼之间决定人类的生死存亡；谈恋爱时，它们甚至比人类还要懂浪漫，能用最完美的话语和行动打动人心。然而，现实中的 AI 却并没有那么神奇。它们可能会帮你自动回复"好的，已收到"，看似聪明，却也显得有些呆板；在翻译时，会把"红烧狮子头"简单地翻译成"Red Burned Lion Head"，让人哭笑不得；修图时，甚至会把人的脸 P 成蛇精脸，虽然有趣，但也暴露出它们的"不靠谱"。

第一章 AI 认知革命——重新理解人工智能

> 将"红烧狮子头"翻译成英语

✓ 已完成推理

● 翻译红烧狮子头英文名称

"红烧狮子头" can be translated as "Braised Meatballs in Brown Sauce" or "Red-Cooked Lion's Head (Meatballs)".

AI 并不是神，而是工具，是我们生活中的得力助手。它的本质是数学公式与数据的拼接，就像用乐高积木搭建模型一样。例如 ChatGPT 写诗，其实是把海量诗歌拆成碎片，再按概率重新组装。这就如同让幼儿园的小朋友用乐高搭埃菲尔铁塔，成品可能歪歪扭扭，但乍一看还挺像回事。而且，AI 没有常识，比三岁娃娃还憨。让 AI 画"一个人骑自行车"，它可能会给你整出八条腿；让它写"用微波炉加热冰箱"，它会认真地建议你"把冰箱放进微波炉"。这些都是真实发生的案例，让人忍俊不禁的同时，也让我们明白 AI 并非无所不能。

在使用 AI 的过程中，我们还需要破除一些神话。比如，有人

7

担心 AI 会造反，但实际上，AI 只会"死机"。当遇到没见过的情况时，它就像一个迷失方向的机器，只能无奈地打印出"Error 404：智商已离线"，然后试图复制粘贴旧答案来应付。

那么，如何正确地使用 AI 呢？首先要选对工具，而且别碰代码！对于写文案，我们可以选择 ChatGPT、文心一言等工具；修图时，美图秀秀 AI 版、Remove.bg（一键抠图）是不错的选择；做 PPT 则可以用 Canva 魔法设计、WPS 智能生成等。选好工具后，还需要学会"驯兽师口令"，也就是给 AI 明确、具体的指令。比如，不要模糊地说"给我写个很牛的故事"，而应该说"写一则 300 字的童话，主角是爱打游戏的熊猫，最后发现户外运动更快乐"。这样，AI 才能更准确地按照我们的需求生成内容。

> 百度Ai+ 听
> **美图秀秀有 AI 版本，并且已经发布了多个 AI 功能。**
> 美图秀秀的最新版本是 MiracleVision 4.0，该版本新增了"AI 设计"和"AI 视频"功能，采用了先进的深度学习技术，通过自主学习和训练，在视觉和视频处理方面展现出强大的表现力。此外，美图秀秀还提供了多种 AI 功能，包括 AI 绘画、AI 扩图、AI 消除等并且持续深入 AI 领域，推出了 AI 视觉创作工具、AI 口播视频工具、桌面端 AI 视频编辑工具等。这些功能使得美图秀秀在图像和视频处理方面具有更高的智能化水平。

不过，AI 生成的内容并不一定完全符合我们的期望，所以人工质检不可少。我们要检查有没有离谱的情节，比如"左脚踩右脚上天"；要把一些不合适的表述进行修改，如把"领导说这个需求很简单"改成"领导提出了一个小优化"；还要删除 AI 为了凑字数而写的"总之、综上所述、总而言之"等冗余内容。

在使用 AI 时，我们还需要警惕一些陷阱。号称"一键生成爆款视频"的工具，可能需要你先拍 3 小时素材；AI 炒股软件可能让你从"小韭菜"升级为"老韭菜"。同时，数据偏见无处不在，某招聘 AI 甚至认为"程序员 = 男性",直接把女生简历丢进垃圾桶。为了解决这些问题,我们要给 AI 喂多样化的数据,就像给孩子看不同肤色娃娃的绘本一样,让它接触和学习更全面的信息。此外,隐私保护也要牢记心中,别让 AI 分析你的病历、银行密码、恋爱日记等敏感信息。使用前一定要仔细阅读《用户协议》,虽然字小得像蚂蚁搬家,但这关系到我们的切身利益。

与 AI 和平共处,需要遵循 5 项原则

1. 把它当作计算器,别当成先知,不要过度依赖它的判断;

2. 重要决策要自己拿主意,不能完全交给 AI;

3. 定期检查它有没有"学坏",及时纠正错误;

4. 多准备几个备选工具,以防万一;

5. 如果实在搞不定,那就果断拔电源。

只有这样,我们才能在 AI 的时代中,更好地利用这个强大的工具,而不是被它奴役。

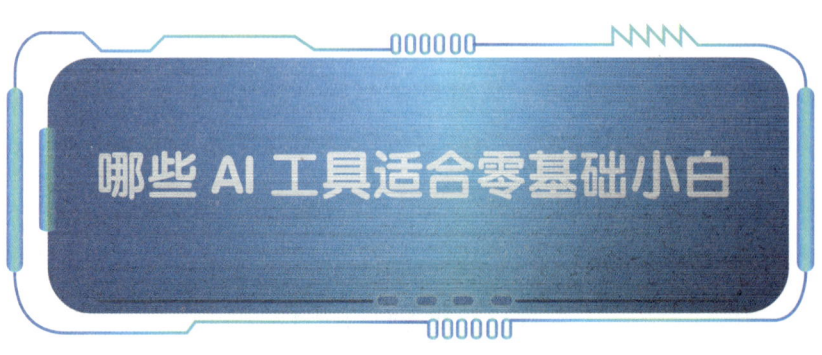

哪些 AI 工具适合零基础小白

一、AI 工具：当代打工人的"阿拉丁神灯"

在现代社会，我们经常会遇到一些挑战和困难。比如，老板突然让你在 3 小时内完成一个活动方案，而你的大脑却一片空白；或者你想给朋友圈配张插画，结果画出来的火柴人比毕加索还抽象；抑或你要给短视频配字幕，对着麦克风录了 20 遍还是发音不标准……这时候，你可能会感到无助和焦虑。但是，现在有了 AI 工具，这些问题都可以迎刃而解！

二、文字生成篇：Kimi 智能助手——你的 24 小时写作军师

Kimi 智能助手有文字生成功能。操作非常简单：只需打开 Kimi 智能助手网页或 App，在对话框输入你需要帮助的内容即可。比如，如果你想开家蛋糕店并在情人节搞个促销活动，你可以输入"我要开家蛋糕店，情人节想搞个促销活动，帮我想 10 条土味情话风格的广告语"。点击发送后，你就能看到神奇的效果展示啦！比如，"别人撒狗粮，我们撒糖霜！当日消费满 131.4 元即赠心形马卡龙一盒"。小白须知也是非常重要的哟！描述越具体效果越

第一章　AI认知革命——重新理解人工智能

好；点击"换一换"按钮可以无限刷新文案；长按生成内容可直接复制到剪贴板。

三、图片生成篇：美图AI——百万修图师的神器

美图AI作为一款强大的图片处理工具，可以帮助你修复照片中的瑕疵并提升照片质量。操作流水线也非常简单：只需打开美图秀秀App并选择"AI绘画"功能上传你的怼脸自拍后选择风格即可。比如，如果你选择"韩系证件照"风格，它可能会为你修复出一张清晰的照

人人都能学 AI

片；如果你选择"迪士尼公主风"风格，它可能会为你修复出一张充满童话色彩的照片。在使用过程中也需要注意一些小细节哟！比如手部细节容易崩坏，建议隐藏手指或拿道具；输入咒语更精准，如"夏日海边 jk 少女阳光透过棕榈树斑驳光影"。遇到诡异画风别慌，点击"重新生成"即可。

四、视频生成篇：剪映 AI 成片——导演梦一键实现

剪映 AI 成片是一款非常实用的视频处理工具，可以帮助你快速生成短视频。操作也非常简便：只需打开剪映 App，并点击"图文成片"功能，粘贴你写的流水账，选择相应模板，即可等待生成完整视频。比如，如果你输入"萌宠日常"自动生成带字幕和配乐的短视频，那么它可能会为你生成一段非常有趣的宠物视频哦！在使用过程中也需要注意一些小细节。比如，输入电影台词自动生成分镜脚本；用"智能抠图"把自家猫 P 进《流浪地球》以及"AI 换声"功能让郭德纲解说你的旅行 vlog（video blog），等等。

第一章　AI 认知革命——重新理解人工智能

五、全能助手篇：豆包 App——口袋里的瑞士军刀

豆包 App 作为一款全能助手应用程序可以提供许多实用功能。只需对着手机说"明天上海飞北京航班"等指令即可自动生成差旅备忘录；拍下冰箱食材后推荐三菜一汤食谱（附详细步骤视频）；输入"帮我回怼甲方爸爸的奇葩需求"获得高情商回复模板，等等。总之豆包 App 是一个非常实用的全能助手。

六、小白防翻车指南

在使用 AI 工具时难免会遇到一些问题。

1. 如果咒语失灵怎么办？→可以尝试将"画个美女"改成"赛博朋克风格机甲少女，霓虹灯光未来都市背景"。

2. 如果 AI 总在胡说八道怎么办？→记得说"请用中文回

答""列出三个实际案例"等限制条件。

3. 如果担心被 AI 取代怎么办？→请记住：AI 是画笔你才是画家！就像没有人会因为买了洗碗机就忘记怎么做饭一样。

现在，你已经成为手握四大神器的初级"魔法师"！从今天开始，让 AI 承包你的熬夜爆肝，把省下的时间用来吃火锅、撸猫、追剧，不香吗？毕竟，我们学 AI 不就是为了更好地享受生活吗？

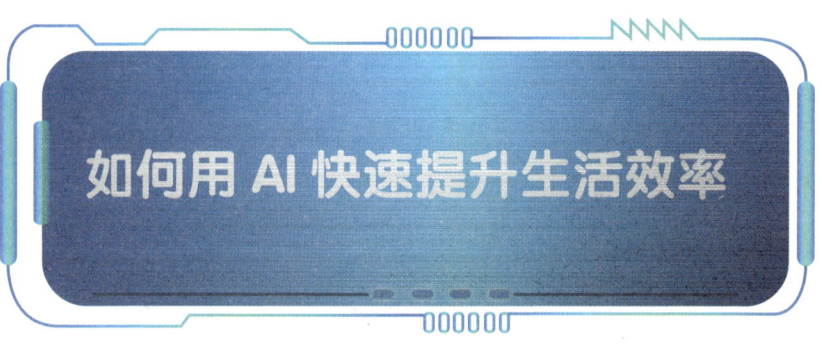

很多人可能还未完全发掘出 AI 的强大功能，甚至觉得它高深莫测、遥不可及。其实不然，无须编程基础，无须购买昂贵的显卡，仅凭一部手机，就能让 AI 为我们开启"躺着就能当人生赢家"的奇妙之旅。

一、贴心的 AI 小秘书

如今，各大手机品牌都配备了智能语音助手，如华为的小艺、小米的小爱同学以及苹果的 Siri 等。这些语音助手就如同我们的私人小秘书，能帮我们处理各种日常事务。只需简单设置，比如对手机说"嘿 Siri，每天 7:30 叫我起床，并说'吴彦祖该起床了'"，

第一章 AI 认知革命——重新理解人工智能

便能开启美好的一天，再也不用担心被老妈的狮吼功叫醒。而且，还能让 AI 记住重要日子，如女朋友的生日，提前提醒你准备礼物和预订餐厅，避免因疏忽而陷入"求生欲测试题"的尴尬境地。

二、高效的 AI 写作枪手

面对烦琐的周报撰写，不少人会感到头疼。此时，百度的"文心一言"或讯飞的"星火"App 就能大显身手。输入"给老板写份周报，要显得很忙但别暴露我在摸鱼"，AI 就能迅速生成多个版本供你选择。不过，使用 AI 写作时也要注意，不能直接照搬，需根据实际情况进行适当修改，比如把一些过于正式的表述换成更贴近日常的表达，像将"与同事进行了多维度的战略协同"改为"和隔壁老王拼了奶茶"，这样能让内容更加真实自然。

三、有趣的家电 AI 互动

随着智能家居的普及，我们可以通过简单的设置让家电学会拍马屁。对着空气喊"小爱同学，我要当皇帝"，全屋灯光自动调成金色，空调吹出暖风，音箱播放起《康熙王朝》的背景音乐，仿佛置身于宫廷之中。花 200 块买个小米智能插座，就能把普通台灯改造成"加班氛围组"专用灯，一声"开启 007 模式"，灯光自动调暗，音箱播放老板脚步声，为加班增添一份别样的氛围。当然，还可以设置"捉贼模式"，当检测到门外有陌生人时，空调自动调到 16℃，音箱循环播放《大悲咒》，给不法分子来个措手不及。

四、健康管理的 AI 妙用

一个 99 元的小米手环，不仅能监测我们的运动步数、睡眠质量等健康数据，还能通过巧妙设置实现一些有趣的功能。在 App 里设置"如果连续 3 天步数不过百，就自动给健身房教练发消息：救救孩子！"这样即使我们偶尔偷懒，也能收到健身督促。而且，现在的手环似乎也越来越智能，甚至学会了 P 图，上周明明躺了三天，健康报告却显示我"徒步穿越了撒哈拉沙漠"。

五、AI 驯兽终极指南

在使用 AI 的过程中，掌握一些技巧能让你更好地与 AI 相处。精准投喂是关键，跟 AI 说话要像教哈士奇一样，清晰明确地表达需求，比如"生成情人节情书，要浪漫中带点沙雕，引用周杰伦歌词但别被告侵权"。同时，要牢记重要事项说三遍，否则 AI 可能会误解你的意思，就像曾经有人说"帮我订会议室"，结果 AI 却订了海底捞包间。最后，一定要守住安全底线，别让 AI 知道你的支付密码，否则可能就会出现智能音箱天天在直播间抢 9.9 包邮商品的情况。

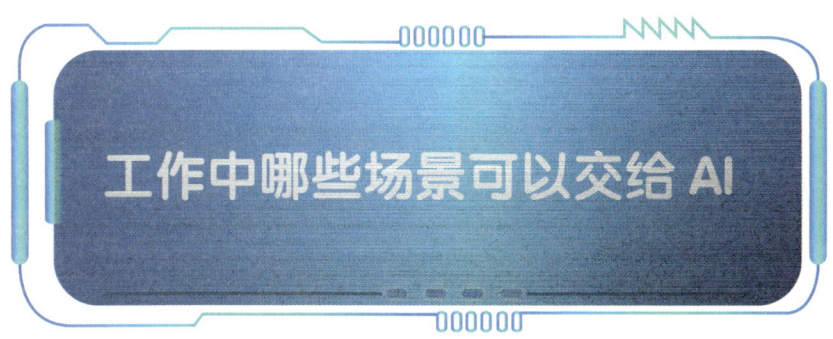

在当今快节奏的职场环境中，打工人面临着诸多挑战。每天打开电脑，面对繁重的工作任务，如撰写报告、整理会议记录、处理 Excel 表格等，常常让人感到压力山大。然而，随着人工智能技术的不断发展，AI 工具成为职场人的得力助手，为我们的工作和生活带来了极大的便利。

一、认识 AI 助手

AI 工具就像哆啦 A 梦的口袋，拥有众多神奇的功能。它能够帮助我们自动生成文档、整理数据、处理邮件，甚至还能完成一些创意性的工作，如写情书等。通过合理运用 AI 工具，我们可以大大提高工作效率，减轻工作负担，让工作变得更加轻松愉快。

二、AI 在职场中的应用

（一）文档处理

对于经常需要撰写报告的职场人来说，WPS 的 AI 助手无疑是

人人都能学 AI

一大福音。只需打开 WPS 文档，点击右上角的"WPS AI"，然后输入"生成×× 主题的 ×× 文档"，即可快速得到一份完整的文档。例如，输入"帮我写份情人节营销方案，要包含线上抽奖和 UGC"，30 秒后就能获得包含活动背景分析、详细执行计划以及预算表格的方案。而且，点击"换一换"还能获得不同风格版本的文档，以满足不同的需求。

（二）会议记录

腾讯会议的 AI 纪要功能则为开会必打瞌睡的摸鱼党提供了方便。在开会时点击"录制会议"，散会后打开"智能纪要"，即可得到自动分段的时间轴记录、重点内容高亮标注以及待办事项清单。这样，即使没有认真听会，也不怕被问到"刚才说的重点是什么"了。

第一章　AI 认知革命——重新理解人工智能

（三）数据整理

对于看到 VLOOKUP 就头晕的表哥表姐来说，ChatGPT 是一个不错的选择。把销售数据表丢给 ChatGPT，用简单的语言描述需求，如"帮我做个各省份销量对比柱状图，要粉色系萌一点的"，就能收获自动清洗的规整数据、带渐变色的动态图表以及贴心的趋势分析建议。

（四）设计作图

美图 AI 是那些 PPT 做得像车祸现场的人士的救星。输入"春节促销海报，要有兔子、红包、爆炸折扣字样"，

就能得到 30 + 张不同构图的设计稿，且能自动匹配企业 VI 的配色方案，还有一键抠图换背景功能。

三、使用 AI 工具的注意事项

在使用 AI 工具的过程中，我们也需要注意一些问题。

1. 核心机密不要上传，如公司财报、客户信息等敏感内容，以免造成信息泄露。

2. 人工质检不能少，AI 生成的内容可能存在错别字或数据不准确的情况，需要进行仔细检查。

3. 工具搭配更高效，可以将 WPS、腾讯会议、美图秀秀等 AI 工具结合使用，以达到更好的效果。

总之，AI 工具不会取代你，但会用 AI 的人在职场中更具优势。当你学会把这些重复性工作丢给 AI，就会发现每天多出了不少时间，可以用来做更有价值的事。例如，用 AI 生成的周报模板，认真研究如何让老板给你加薪。

如何避免AI的"幻觉"陷阱

正如任何新兴技术都有其潜在的问题一样，AI也并非完美无缺，其中最引人注目的就是AI的"幻觉"现象。

一、AI幻觉：看似合理实则荒谬

AI幻觉是指AI生成看似合理但完全错误信息的行为。这种现象就像人类脑补出不存在的情节一样，常常让人啼笑皆非。例如，当你询问AI"如何快速减肥"，它可能会建议你"每天吃石头补充矿物质"。这种无厘头的答案并非冷笑话，而是AI在理解和生成信息过程中出现的偏差。

AI幻觉的典型症状包括无中生有、张冠李戴和数学黑洞。无中生有是指AI会编造出一些不存在的事情，如"1897年美国大战南极洲"；张冠李戴则是让历史人物或场景出现不符合实际情况的元素，如唐代市井图里出现穿西装的古人；数学黑洞则表现为AI在简单的数学计算上也会出现错误，甚至比小学生的计算能力还差。

二、给AI戴上"紧箍咒"

为了避免AI幻觉给我们带来的困扰，我们可以采取以下5个妙招儿来约束AI的行为。

（一）提问要像训狗：越具体越老实

开放式问题会让AI想象力脱缰，而限定范围的问题则能拴住它。例如，不要模糊地说"帮我写篇游记"，而应该具体地提出要求："用初中生能看懂的文字，写一篇800字的杭州西湖春游攻略，包含断桥、三潭印月、西湖醋鱼三点，语气活泼有趣。"这样具体的指令能让AI更准确地理解你的需求，并给出更合理的答案。

（二）给AI配个"学霸同桌"

利用RAG技术（检索增强生成），可以为AI装个专属知识库。把公司制度、专业资料等上传到数据库，让AI只能从这些文件中找答案，就像考试时只准翻课本不准瞎蒙一样。这样可以确保AI的回答具有一定的准确性和可靠性。

（三）角色扮演法

在提问前加一句咒语，如"你是一个有20年经验的营养师，请根据《中国居民膳食指南》回答……"通过这种方式，给AI赋予一个专业的角色，让其在回答问题时更加注重专业性和准确性，从而降低胡编乱造的概率。

（四）打假小分队

当遇到 AI 给出反常识答案时，要及时进行验证。可以查权威网站（如政府官网、学术论文），用不同 AI 交叉验证，甚至可以问真人专家。通过这些方式，我们可以有效地辨别 AI 答案的真伪，避免被误导。

（五）防忽悠口诀

牢记"数据要溯源，结论需验证，专业问题找真人，人命关天不能信"这句口诀，时刻保持警惕，不被 AI 的幻觉迷惑。

三、AI 使用安全手册

在使用 AI 的过程中，我们也需要注意一些危险行为，并学会正确操作。

（一）医疗咨询

不要直接采用 AI 诊断结果，而应该仅作参考，并且必须线下就诊。医疗问题关乎人的生命健康，不能轻易相信 AI 的判断。

（二）法律文件

不要让 AI 起草未审核的合同，而应该用 AI 生成初稿后由律师复核。法律文件具有严肃性和权威性，需要专业人士的审核才能确保其合法有效。

（三）学生作业

不要照搬 AI 生成的论文，而应该将其作为灵感来源，然后进行人工改写。抄袭是不道德且违反学术规范的行为，我们应该倡导原创和诚信创作。

四、未来已来：人机协同的正确姿势

我们不能因为 AI 存在幻觉就放弃使用智能工具，而是要记住三大原则：保持质疑、善用工具、守住底线。AI 不是神，只是个有时会犯傻的学霸，我们需要用质疑的态度去审视它的答案；同时，我们也要善于利用各种工具和方法来提高 AI 的准确性和可靠性；最后，在重要决策面前，我们要永远坚守人类的底线和判断力。

第二章 工具实战入门
——保姆级操作指南

如何注册并使用文心一言、Kimi、DeepSeek

一、AI 世界观光车票购买指南

在这个智能科技飞速发展的时代，我们为你准备了一份特别的"车票"——AI 世界观光车票。通过这份指南，你将有机会深入了解文心一言、Kimi 和 DeepSeek 这三个网红 AI 工具，它们将助你在写作、阅读、研究等方面游刃有余。

二、文心一言：中文系 AI 暖男

注册篇（5 分钟搞定）

找对门牌号：打开浏览器，输入网址 yiyan.baidu.com，就像找奶茶店要看招牌一样简单。

选择入场方式：懒人通道可直接使用百度账号登录；VIP 通道则需手机号注册。

新手大礼包：注册成功即跳转至聊天界面："你会唱《孤勇者》吗？"

使用技巧：写作外挂如输入"写一封给猫咪的道歉信，要押韵"；摸鱼神器如输入"用鲁迅的口吻写不想加班的理由"。此

第二章 工具实战入门——保姆级操作指南

外,防社死功能让你说"撤回"即可删除上一条记录。

三、Kimi:长文本处理大师

注册篇(比泡面还快)

手机党专属:应用商店搜索"Kimi 智能助手",认准其蓝色月亮 LOGO。

验证码哲学:输入手机号后,你将收到一串神秘数字——这不是彩票中奖号码,而是通关密钥。

新手任务:上传你永远读不完的《百年孤独》PDF,看它如何在短时间内写出读书报告。

隐藏技能:包括文件粉碎机、网址翻译官和时间管理大师等强大功能。

27

四、DeepSeek：理工科 AI 学霸

注册篇（国际范操作）

打开任意门：访问 chat.deepseek.com，建议收藏以便下次使用。

选择登录方式：学霸模式用学校/公司邮箱注册；极简模式则支持 Google 账号一键登录。

验证仪式：前往邮箱点击验证链接，即使躺在垃圾箱也请不要气馁。

科研外挂：包括代码生成器、文献克星和答辩救星等实用功能。

五、AI 使用防翻车指南

保密原则：切勿上传个人隐私信息（如银行卡密码等），以免造成信息泄露。

防杠技巧：遇到 AI 回答不准确时，请温柔指出以帮助其

改进。

摸鱼警告：虽然 AI 能代写周报，但请确保内容的独特性，避免被老板发现雷同。

现在你已经集齐了三大 AI 神器——文心一言、Kimi 和 DeepSeek。无论是上班编段子、上课读文献还是下班写情诗，这些智能工具都能为你提供强大的支持。记住，与 AI 建立良好的互动关系需要时间和耐心调教。

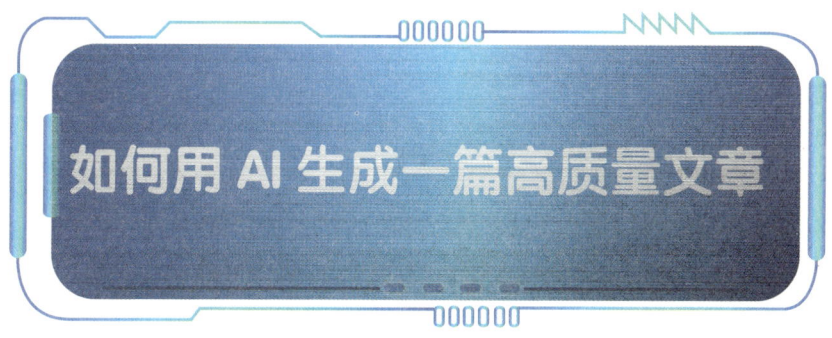

如何用 AI 生成一篇高质量文章

对于曾经被作文折磨得"头悬梁，锥刺股"的人来说，AI 写作无疑是一场革命。你不需要再担心编辑的催稿，也不用担心面对空白文档发呆。只要会打字，就能借助 AI 写出令人瞩目的文章。

一、准备食材：给 AI 投喂的正确姿势

（一）确定文章类型

首先，要明确你想要写的文章类型。这就像选外卖一样，是鸡汤文、干货文还是吐槽文？清晰的类型有助于AI更好地理解和生成内容。例如：

情感鸡汤："当抑郁来袭，我们该如何面对人生中的挫折时刻"；

干货教程："以'95后'裸辞环游世界，月入10W+的秘密"为题写一篇分析文章；

产品软文："用了这个键盘，老板求我别下班"。

小白提示：类型越明确，AI就越听话。你不能对食堂阿姨说"要吃饭"，而要说"二两米饭配红烧肉，外加一个鸡蛋羹"。

（二）收集魔法咒语（关键词整理）

接下来，从你的草稿本、聊天记录或微博吐槽中收集关键词。这些关键词将作为AI生成内容的"魔法咒语"。例如：

[职场][00后][整顿职场][表情包][摸鱼技巧][反向PUA]

把这些关键词塞给AI，它就能自动生成《00后整顿职场的108种姿势》这样的文章。

二、开火做饭：3步搞定AI写作

步骤1 召唤AI小厨娘（选择工具）

选工具就像选美，不同的AI工具有不同的特点和优势。推荐

第二章 工具实战入门——保姆级操作指南

2025 年三大神器：

ChatGPT-6：国际大厨，中英双语随意切换（需用魔法上网）；

Kimi：国产之光，专门优化朋友圈文学；

火龙果写作：自带 emoji 和"绝绝子"词库。

注册过程比相亲还简单，只需手机号加验证码就能领养你的 AI。

步骤2 下锅翻炒（输入指令）

输入以下魔法公式来引导 AI 生成文章：

请写一篇关于 [主题] 的 [文章类型]，要求：

1. 语言风格：[网络流行语 / 正经科普 / 沙雕搞笑]

2. 重点包含：[关键词 1][关键词 2][关键词 3]

3. 避免出现：[老板不爱听的内容]

示例：帮我写篇小红书风格的《打工人续命咖啡测评》，要带

"早C晚A""续命神器""贫穷使我清醒"等梗。

> **步骤3** 摆盘上菜（生成优化）

收到初稿后，进行以下优化步骤：

加料：插入你的真实经历（哪怕只是"某天在厕所摸鱼"）；

调味：把"效率提升"改成"卷死同事的秘籍"；

摆盘：每段不超过手机屏幕的1/3，多分小标题；

偷懒技巧：用火龙果写作助手自动加表情包，用秘塔写作猫检测敏感词。

三、防翻车指南：这些雷区千万别踩

（一）不要把AI当"阿拉丁神灯"

别简单地输入"给我写篇10w+"，而要说"写篇适合宝妈群体的辅食教程，突出快手简单，避开过敏食材"。这样AI才能更准确地理解你的需求。

（二）警惕 AI 的鬼话连篇

当 AI 说出"据权威机构统计"时，记得问它要参考文献。虽然它可能会编个"火星大学研究报告"，但你要确保其内容的真实性和可靠性。

（三）记得给 AI 打预防针

输入"请勿使用 2021 年前的过期案例"，防止它脱口而出"最近 ×× 事件告诉我们……（实际上 ×× 事件可能发生在 2015 年）"。这样可以确保生成内容的时效性和相关性。

（四）重要文章要过"安检"

用 DeepSeek 等工具检测 AI 率，别让毕业论文变成《AI 代写的 100 种死法》。这样可以确保文章的原创性和安全性。

恭喜你获得"AI 写作大师"皮肤，现在你已经掌握了 3 分钟速成写作法、2025 最新 AI 工具库以及让文字活过来的优化技巧。下次领导让你写年终总结时，请优雅地打开 AI，然后淡定地刷起《2025 乘风破浪的姐姐》——深藏功与名。

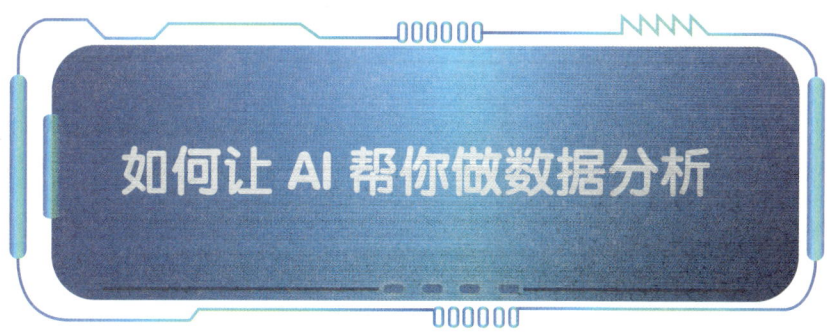

如何让 AI 帮你做数据分析

面对满屏的表格和复杂的 Excel 公式，不少人常常感到头疼。我作为一个被 Excel 公式折磨了 3 年的打工人，深知其中的艰辛。

人人都能学 AI

但当我发现用 AI 做数据分析就像点外卖一样简单时，那种解脱感简直无法言喻。早知如此，当年何必为了学 VLOOKUP 函数熬到凌晨 2 点。

一、工具准备：选对神器，轻松开启智能分析

要进行高效的 AI 数据分析，首先需要选择适合的工具。

（一）WPS AI（国产之光）

直接在 WPS 里点开【AI 表格助手】，它就像一个会说话的哆啦 A 梦，能帮你解决各种表格问题。无论是数据清洗、公式生成还是可视化，WPS AI 都能轻松应对。

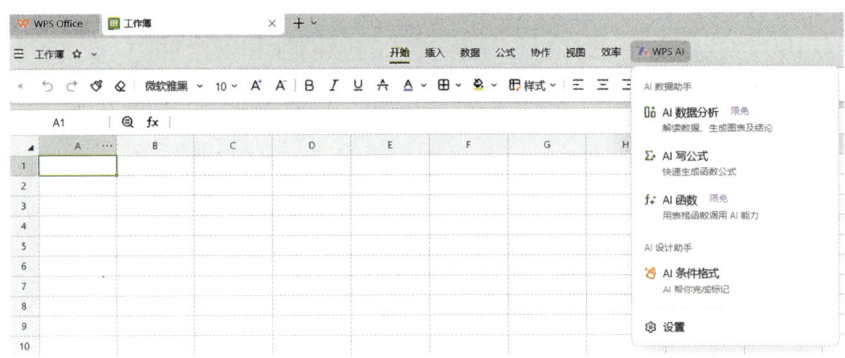

（二）ExcelFormularizer（公式生成器）

这款工具能根据你的自然语言输入生成相应的 Excel 公式。比如，你输入"把 A 列手机号中间四位打码"，它就能自动生成 =REPLACE(A2,4,4,"****") 这样的公式。即使是复杂的正则表达式，也能轻松搞定。

（三）Graphy.app（可视化神器）

上传数据后，只需简单描述你的需求，如"做各省销售额热力图，用渐变色显示"，Graphy.app 就能为你生成动态且美观的图

第二章 工具实战入门——保姆级操作指南

表，连配色方案都帮你配好。

二、实战教学：5 分钟完成月度销售分析

接下来，我们通过一个实战案例来展示如何利用这些工具进行快速数据分析。

（一）数据清洗：AI 帮你揪出错别字

在 WPS 中选中数据表，点击【AI 表格助手】，然后输入："检查 B 列客户姓名有没有错别字"。AI 会迅速标注出可能有误的名字，如将"张全但"修正为"张全蛋"。

人人都能学 AI

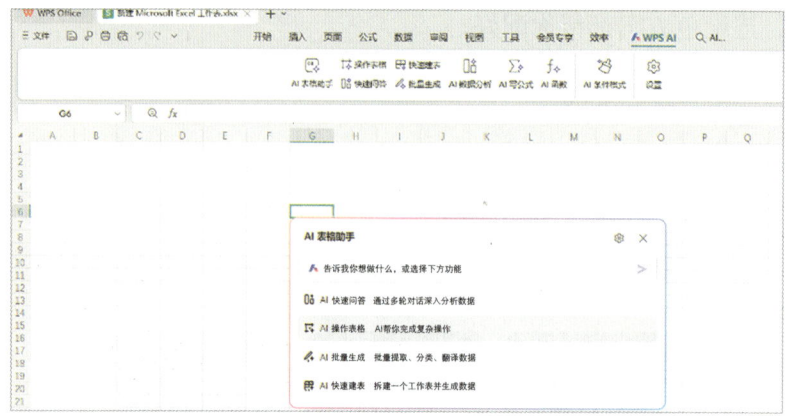

（二）智能计算：说人话就能出结果

当你需要统计东北区销售额 top3 的业务员时，只需告诉 AI 你的需求："帮我统计东北区销售额 top3 的业务员，要显示姓名、销售额、占比。"AI 不仅会生成 SUMIFS 公式，还会贴心地用饼图展示比例。

（三）可视化：拖拉拽已成过去式

在 Graphy.app 中上传 CSV 文件，然后输入你的需求："做各省销售额热力图，用渐变色显示。"很快，你就会得到一个可交互的地图，不同省份的颜色深浅表示销量的高低。

三、高阶技巧：让 AI 成为你的数据分析 CP

除了基本的数据处理和可视化外，AI 还能帮助你进行更深入的分析和预测。

（一）预测分析：掐指一算就知道下月业绩

输入："用前 6 个月的数据预测下季度销量，置信度 85%。"AI 会自动调用 ARIMA 模型，连季节性波动都考虑进去，为你预测未来的业绩趋势。

（二）报告生成：Ctrl+C/V 再见

在 WPS AI 中输入："把刚才的分析结果生成 PPT，每页一个结论，搭配对应图表。"几分钟后，你就会收到一份带过渡动画的汇报文件，这大大节省了制作报告的时间。

四、避坑指南：AI 也不是万能的

虽然 AI 强大，但在使用过程中也需要注意一些潜在的陷阱。

（一）垃圾进 = 垃圾出

如果原始数据存在大量空值或错误，AI 可能无法准确进行分析。因此，在输入数据前需要进行必要的数据清洗和预处理。

（二）指令要具体

给 AI 的指令越具体，得到的结果就越符合预期。比如不要说"分析销售数据"，而要说"对比 Q3 各渠道转化率，排除退货订单"。

（三）结果要复核

即使 AI 已经给出了分析结果，也需要进行人工复核以确保准确性。比如，AI 可能将数字"1，000"识别为文本格式并求和，导致结果出现偏差。

回顾我的数据分析之路，从最初的熬夜秃头到如今的喝茶摸鱼，AI 的力量不容小觑。它不仅提高了我的工作效率，还让我有更多的时间去思考和创造。现在，即使我把 VLOOKUP 拼写成"VLOCKUP"，AI 也会温柔地帮我修正。记住：让 AI 当学霸，我们愉快使用 AI——只需要会提问，数据分析，从此告别加班！

人人都能学 AI

如何用 AI 处理 PDF、Excel 文档

在日常办公中，我们常常需要处理大量的 PDF 文件和复杂的 Excel 表格。传统的手动操作不仅耗时费力，还容易出错。

一、PDF 处理：让 AI 成为你的得力助手

（一）批量转换：一锅端的神操作

面对一堆需要转换格式的 PDF 文件，传统方法是逐个打开、另存为，烦琐且低效。而现在，有了 UPDF 这样的国产神器，批量转换变得轻松简单。只需打开软件，点击"批量处理"，将所有 PDF 文件拖进窗口，设置导出为 Excel 格式，然后点击"开始"。接下来，你可以去冲杯咖啡，回来时所有数据已经整齐地躺在 Excel 里了，连表格线都画好了。

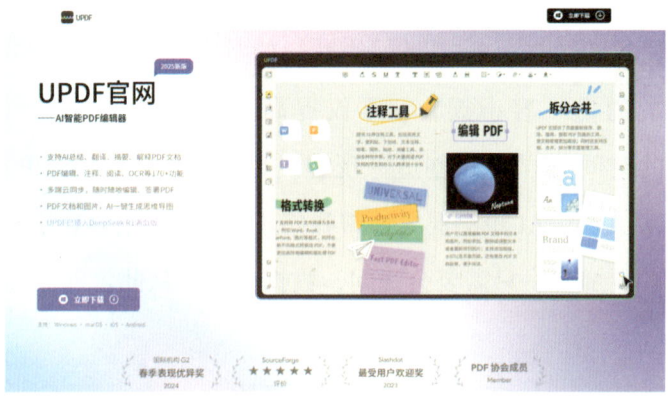

第二章　工具实战入门——保姆级操作指南

（二）AI 总结：让文档自己开口说话

对于长篇的项目报告，手动总结既费时又可能遗漏重点。此时，UPDF 的 AI 对话功能就能派上用场。只需打开 PDF 后按 Ctrl+E 召唤 AI，然后输入你的需求，比如"总结本报告前三个月的销售数据"。AI 会自动生成简洁明了的总结，你可以直接将这段文字复制到 Excel 中，无须修改标点符号。

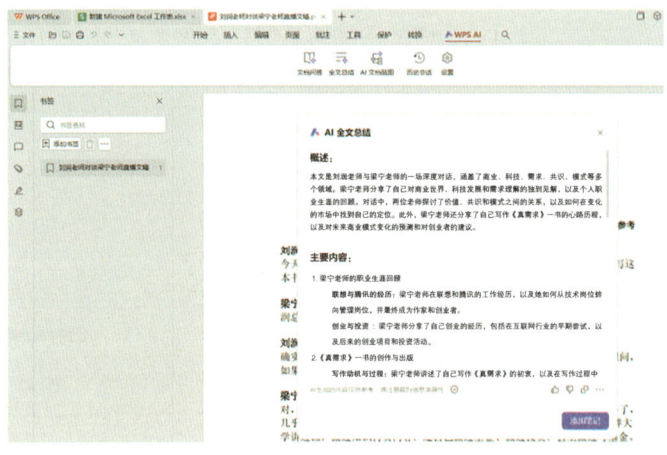

（三）精准抓取：表格里的"黄金矿工"

如果你只需要提取 PDF 中的特定数据，ChatPDF 是个不错的选择。上传 PDF 后，直接向 AI 提问，比如"2024 年 2 月华东区手机销量是多少？"AI 会自动定位到相关页面的表格数据，并为你提取准确信息。你只需将结果复制粘贴到 Excel 中，全程无须翻页查找。

二、Excel 整容：AI 是你的美图秀秀

（一）公式生成：说话就能算数

对于不熟悉 Excel 公式的朋友来说，SUM、VLOOKUP 等函数

可能令人头疼。现在，只需与 AI 进行自然语言交流，就能轻松生成所需公式。比如，输入"帮我写个公式，计算 E 列和 D 列的差值"，AI 会回复"=E2-D2"。复制这个公式到单元格中即可使用。进阶版需求，如"如果销售额超过 100 万标红，不超过 100 万标黄"，AI 也能直接给出条件格式设置代码。

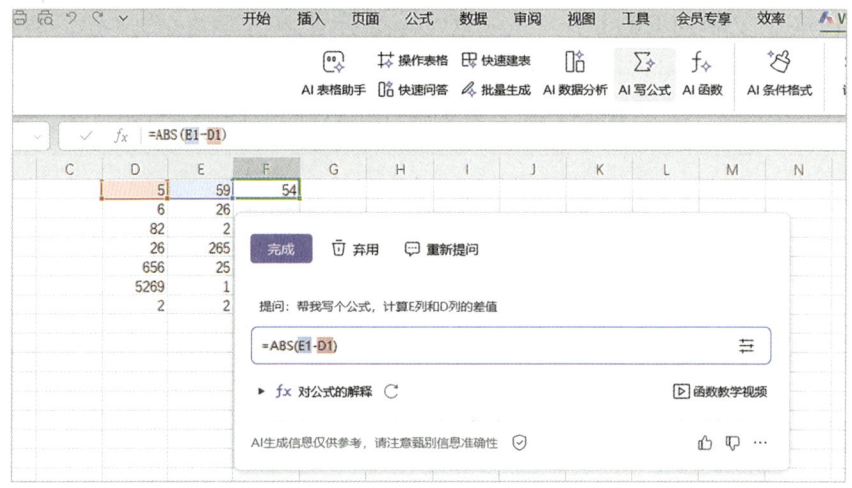

（二）智能排版：表格秒变时装秀

想让千篇一律的表格焕然一新？WPS AI 的智能美化功能可以帮到你。全选表格后点击"智能美化"，选择你喜欢的风格，如"商务蓝"或"少女粉"。AI 会自动调整表格样式，包括字体、颜色和边框等，连图表配色都会自动匹配，让你的表格瞬间变得高大上。

（三）数据预言家：AI 的占卜术

在 Microsoft 365 Copilot 中，你可以输入"根据前半年销量预测下季度趋势"，AI 会自动生成折线图和预测分析。这种基于历史数据的趋势预测，不仅直观易懂，而且准确性颇高，是制定销售策略、库存管理等决策的重要依据。

三、组合拳实战：从 PDF 到炫酷报表

接下来，我们以一个实际案例来展示如何将这些 AI 工具组合使用，完成从 PDF 到炫酷报表的全过程。假设你有一份 100 页的合同需要转换成 Excel 格式，并进行数据分析和报表制作。

1. PDF 转 Excel：使用 UPDF 的批量转换功能，一键将 100 份 PDF 合同转换成 Excel 格式。

2. 数据整理与公式生成：利用 ChatGPT 与 AI 对话，生成数据透视表公式和其他所需公式，快速整理和计算数据。

3. 表格美化与趋势预测：在 WPS AI 中选择智能美化功能，让表格瞬间变得美观大方；然后在 Microsoft 365 Copilot 中生成销售趋势预测图。

4. 汇报 PPT 生成：最后，利用 Copilot 的 PPT 生成功能，根据整理好的数据和趋势预测图，自动创建一份结构清晰、内容翔实的汇报 PPT。

四、防翻车指南

当然，在使用 AI 工具的过程中，我们也需要注意一些潜在的问题和风险。

1. 重要文件先备份：虽然 AI 工具已经相当成熟，但偶尔也会出现错误或意外情况。因此，在处理重要文件之前，一定要做好备份工作。

2. 复杂操作分步验证：对于复杂的操作或公式生成任务，建议分步进行并验证结果的准确性。这就像试菜时要小口尝试一样，确

保每一步都正确无误再进行下一步。

3. 遇到问题截图问 AI：现在有些 AI 工具甚至支持截图识别功能。如果你遇到无法用文字描述清楚的问题，不妨尝试截图并向 AI 求助。

通过遵循以上指南和步骤，你将能够充分利用 AI 工具的优势，轻松完成从 PDF 处理到 Excel 美化的全过程。这不仅能够提高你的工作效率和质量，还能让你有更多时间去享受生活、学习新技能或者探索更多有趣的事物。记住，未来的办公高手不是最会敲键盘的，而是最会"使唤"AI 的！下次老板再甩来文件时，记得优雅地打开 AI 工具，然后淡定地说："给我 3 分钟，马上就好！"

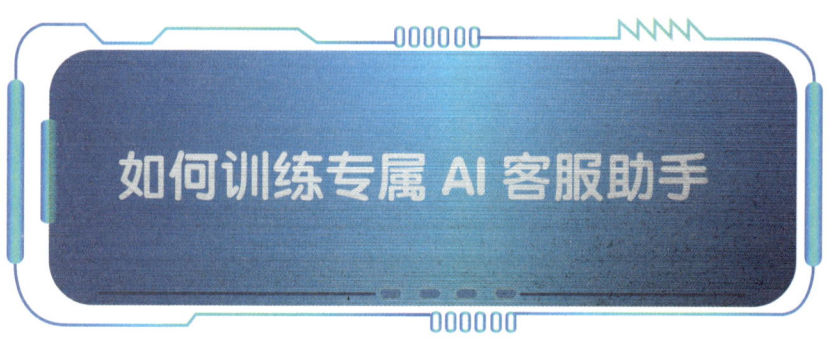

如何训练专属 AI 客服助手

在当今数字化时代，拥有一个高效的 AI 客服对于企业来说至关重要。它不仅能提升客户服务效率，还能为企业节省大量人力成本。那么，如何打造一个出色的 AI 客服呢？

一、为什么要"养"个 AI 客服

设想一下，当你正在三亚沙滩享受阳光时，AI 客服能帮你处理大量的客户咨询；当凌晨三点客户询问充电器插头位置时，AI

能迅速回复；面对暴躁客户的怒骂，AI 也能温柔安抚。这样的 AI 客服无疑是当代老板的理想助手。

二、准备工作：给 AI 喂什么

（一）选择操作平台

对于初学者，推荐使用扣子 AI，它由字节出品，操作简单，就像搭积木一样可以创建机器人。技术宅可以选择 Dify，它能对接各种大模型；FastGPT + Ollama 则适合本地部署党。

（二）准备知识库

将产品说明书、常见问题集和标准话术库等内容整理成 TXT 或 Word 文档。注意删除涉及商业机密的内容，比如"老板说绝对保密"的信息。

三、四步打造 AI 客服

（一）创建机器人

登录扣子 AI 官网，点击"+ 创建智能体"，起个独特的名字，如"钮祜禄·客服"。

人人都能学 AI

（二）上传知识库

找到"知识库"模块，拖拽 FAQ 文档进行上传，开启"智能关联"开关。要注意单个文件别超过 10MB，且支持 PDF、Word、TXT 格式。

（三）训练对话能力

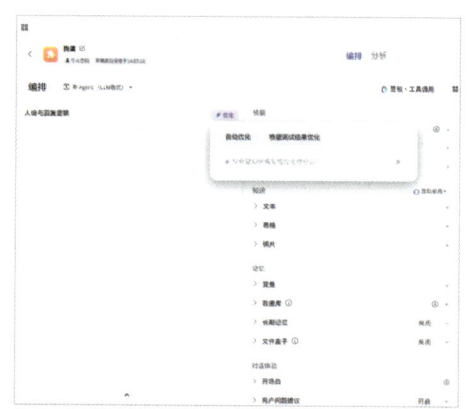

虽然实际不需要写代码，但可以这样理解 AI 的学习过程：通过人类教导，如"客户骂人时要安抚"，AI 学会"亲亲不生气"等话术；人类教"问退款流程要发流程图"，AI 学会自动调用退款流程图。实战技巧包括用"如果……就……"句式设置规则，添加表情包触发词等。

（四）真人测试

邀请七大姑八大姨来调戏 AI，检查其对各种问题的回复是否准确、恰当。比如，二婶问："面膜能吃吗？"看是否回复"仅供外部使用"；表哥骂："什么破质量！"观察是否启动安抚话术；闺密问："买三个送男神吗？"看 AI 会不会卖萌。

四、常见翻车现场急救指南

具体如表 1 所示：

表1　常见翻车症状及诊断方案

症状	诊断	药方
AI 答非所问	知识库没关联	重新检查文档标签
回复太机械	缺乏个性化设置	添加"么么哒"等语气词
遇到难题就装死	转人工设置未开启	设置"转接人工"触发词

五、进阶玩法：让你的 AI 更出色

（一）接入微信公众号

让客户在微信中就能与 AI 互动，方便客户咨询问题。

（二）语音对话功能

给 AI 配个志玲姐姐的声音，提升客户体验。

（三）自动生成日报

下班前 AI 自动汇报服务数据，方便企业了解 AI 客服的工作情况。

训练 AI 客服就像养电子宠物，需要不断调教才能让它越来越聪明。现在就去创建你的第一个 AI 员工吧，说不定明年它就能替你参加公司年会了。

人人都能学 AI

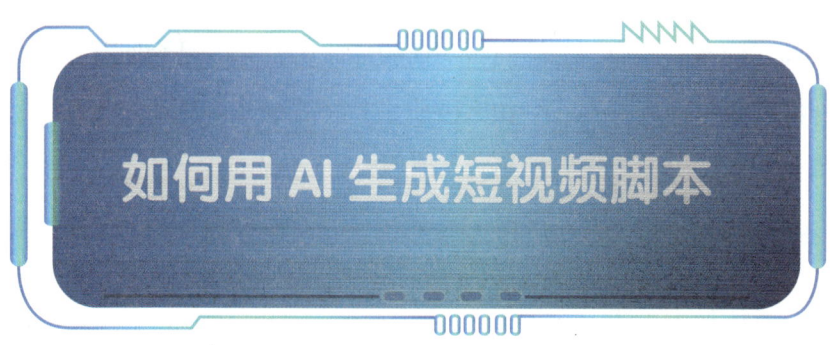

如何用 AI 生成短视频脚本

许多短视频博主都经历过凌晨 3 点对着空白文档抓耳挠腮的时刻，这时 AI 就像哆啦 A 梦的编剧口袋，能帮你把零散的想法变成完整剧本。例如，某美食博主想拍"会说话的平底锅教做菜"，结果 AI 生成了平底锅 rap 教学剧本，视频播放量直接破百万。

市面上 AI 工具多如牛毛，我们挑几个"傻瓜式"的试试水：搭画快写 AI、聪明灵犀和 Vidu。这些工具操作简单，即使是小学生也会使用。

那么，如何利用这些工具生成你的第一个剧本呢？

第一步：打开工具。以聪明灵犀为例，找到写着"AI 写作"的按钮，就像找到微波炉的启动键一样简单。看到视频脚本选项了吗？点它！点它！

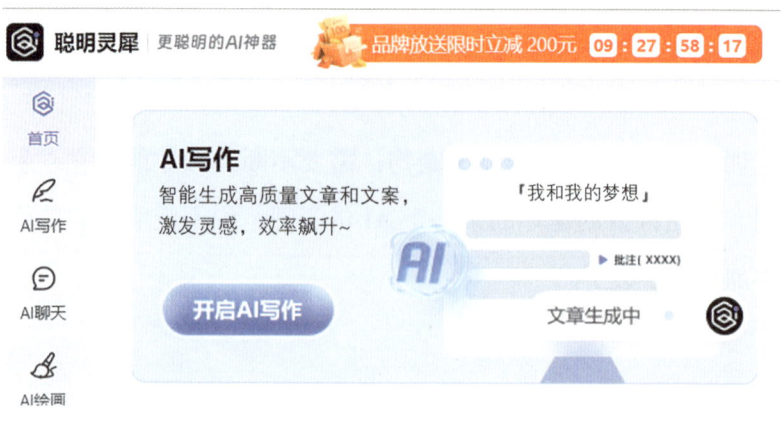

第二章　工具实战入门——保姆级操作指南

第二步：输入你的想法。记住这个万能公式：谁+在哪+搞事情。比如：会跳舞的扫地机器人、深夜办公室、偷偷参加街舞大赛。

第三步：点击生成。等待 20 秒，见证奇迹的时刻！如果生成剧本太正经，可以点"再来一稿"，就像抓娃娃机换爪子位置一样。

第四步：DIY 你的专属剧本。AI 生成的剧本就像半成品乐高，你可以在台词里加网络热梗、调整分镜顺序制造悬念、给扫地机器人加段机械舞动作描述。

第五步：导出使用。点击复制按钮时，记得对屏幕说声"谢啦老铁"，毕竟 AI 也需要鼓励。

然而，在使用 AI 工具的过程中，我们也需要注意一些翻车现场避坑指南。关键词太抽象、忽略时间设置、盲目相信 AI 等都是需要注意的问题。例如，"浪漫爱情故事"会产出狗血剧，要具体到"便利店邂逅换零钱"；15 秒短视频生成 8 个场景，会变成 PPT 快闪；某美妆博主照搬生成的"面膜会说话"剧本，结果观众

47

以为见鬼了。

对于高阶玩家来说，还可以尝试以下秘籍：热点嫁接法、跨界混搭法和系列剧孵化。例如，把当日热搜词喂给 AI，生成"历代帝王围炉煮茶"剧本；用同一个角色生成连续剧，打造扫地机器人的"办公室夜未眠"IP。

记住，AI 不是替代你的创意，而是把你的"这个感觉对了"变成具体的分镜台词。

第三章

生活场景全攻略——AI改造日常

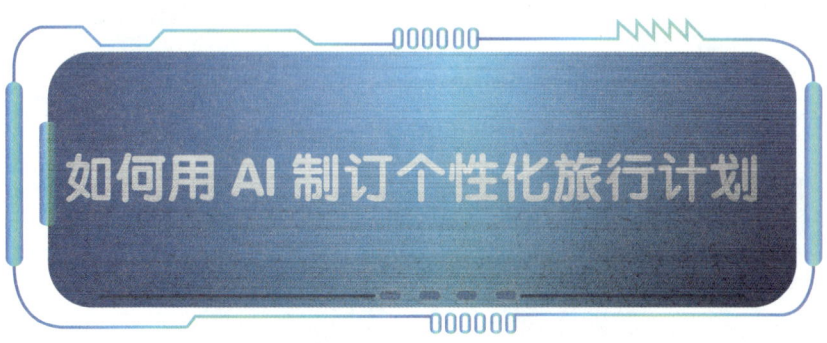

如何用 AI 制订个性化旅行计划

在当代年轻人的旅行观念中,传统旅行规划常伴随着诸多困扰。做攻略耗时费力,易陷入网红景点的"坑",同行伙伴还可能出现各种意外状况。此时,AI 旅行管家应运而生,为旅行者提供了全新的解决方案。

打开常见的 AI 旅行工具,如 Aicotravel、Travelwiz、TravelGenie 等,界面简洁明了,核心功能清晰呈现。其操作流程十分便捷,首先会面临三个关键问题:目的地选择,无论是热门城市还是小众之地,输入后 AI 能自动联想相关知名景点;旅行时长设定,从短途一日游到长达 30 天的深度体验均可满足;旅行风格界定,美食探索、拍照打卡、亲子出行或是慵懒躺平等模式任君挑选,甚至还有"特种兵模式"生成高强度行程。

第三章　生活场景全攻略——AI 改造日常

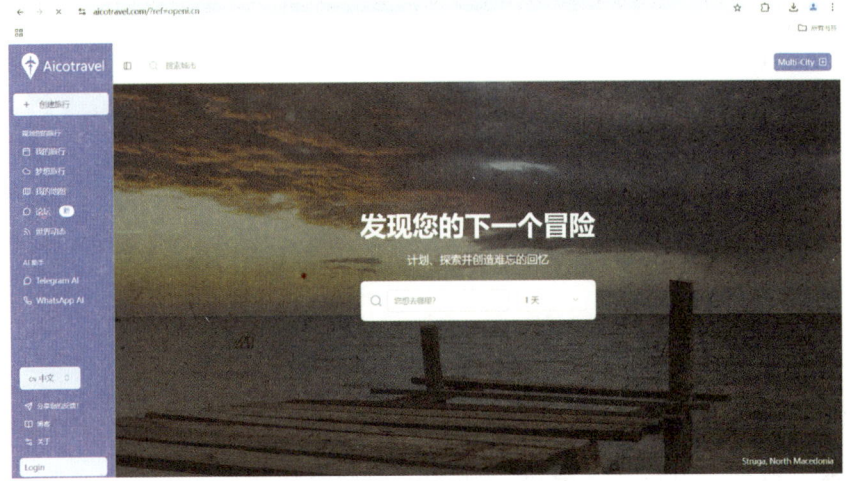

　　生成完美行程仅需五步。第一步，输入基础信息，类似相亲填表，包括出行时间、人数、预算、喜好与禁忌等内容，AI 会据此初步筛选景点。第二步，进入魔法预览环节，此时可对 AI 给出的标准模板进行调整，如更换行程、添加午休等个性化需求。第三步，点击"一键优化"，AI 迅速整合景点，规划出顺路路线，并根据实时天气灵活调整露天项目，精确计算最佳拍照时间。第四步，借助真人外挂功能，如在 Travelwiz 的"AI 导游"中寻求本地特色推荐，能获取详细且实用的信息。第五步，导出 PDF 路书，方便打印携带，同时同步至手机日历提醒，还可分享链接邀请同行伙伴，避免因沟通不畅导致行程变动。

人人都能学 AI

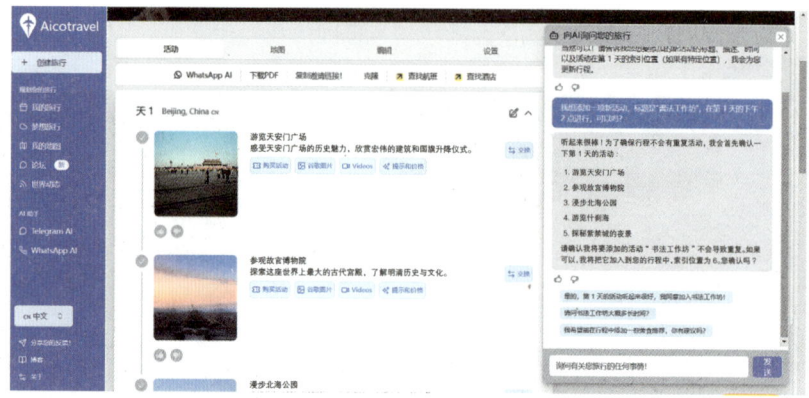

对于高级玩家，AI 旅行工具还有更多秘籍。预算调控方面，通过滑动"总预算"滑块，AI 能迅速调整住宿、餐饮、交通等各项安排，实现从奢华到经济的不同档次转换。人设切换术可根据旅行目的选择不同模式，如"带娃模式"增添亲子元素，"蜜月模式"营造浪漫氛围，"社恐模式"避开拥挤人群。遇到突发情况，如航班延误，在 Aicotravel 中输入相关信息，AI 会立即重新编排后续行程，提供诸如利用延误时间去机场 SPA 等贴心建议。

然而，使用 AI 旅行工具也需谨慎避雷。网红滤镜可能导致民宿实际与宣传不符，需查看真实评价；AI 对交通时间的预估可能默认为打车，步行用户要手动校正；部分 AI 推荐的"本地人最爱"餐厅可能存在刷好评现象，排队过长时应有备选方案。

总之，AI 旅行管家为旅行带来了极大的便利。它让旅行者摆脱烦琐的行程规划，将更多精力投入享受旅行之中。只需保存本次

第三章 生活场景全攻略——AI改造日常

的完美方案，下次出行时点击"相似路线推荐"，便能轻松获得适配新目的地的升级版攻略。带上AI旅行管家踏上旅程，当朋友惊叹于你的优质行程时，你只需轻推眼镜，淡然回应："不过是有个智能助手帮忙罢了。"让AI成为旅行中的得力伙伴，开启一段段精彩难忘的旅程。

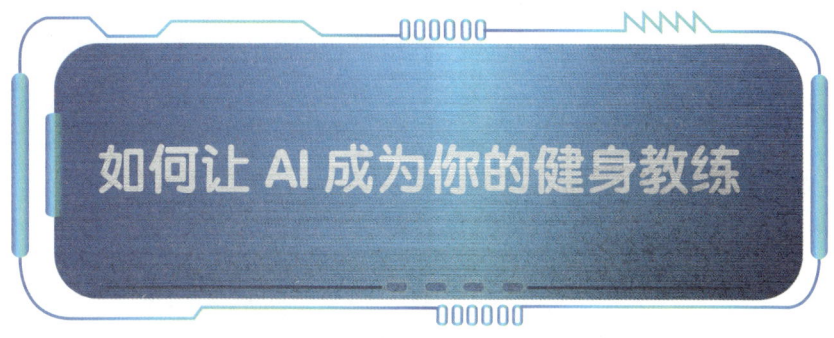

如何让AI成为你的健身教练

在快节奏的现代生活中，健身已成为许多人追求健康生活的重要方式。然而，传统健身模式却常常让人困扰不已。高昂的私教费用，让不少人望而却步，"一节私教课等于一周奶茶钱"并非玩笑话；复杂的动作难以掌握，就像深蹲时姿势不对，教练却只是简单地强调"核心收紧"；精心制订的健身计划也总是难以坚持执行，收藏了无数健身视频，最后却发现练得最勤快的是手指（刷手机时）。这些问题成为传统健身的三大"痛点"。

幸运的是，AI教练的出现为健身爱好者带来了全新的解决方案。它拥有五大独特优势，堪称健身领域的"全能助手"。首先，AI教练能够24小时随时待命，无论你是在凌晨三点心血来潮想要锻炼腹肌，还是在其他任何时间有健身需求，它都不会抱怨，始终陪伴在你身边。其次，它具有超强的记忆力，能精准记住你上周

人人都能学 AI

深蹲时膝盖内扣了 3.5°。这样的细节，以便给予针对性的指导和建议。再次，AI 教练仿佛科学怪人一般，会通过算法计算你吃炸鸡后该做多少波比跳来保持身材平衡。它还是个擅长夸赞的"彩虹屁专家"，每完成一组动作就会鼓励道："宝，你是最棒的！"最后，从性价比来看，其永久会员价仅约等于一杯奶茶的价格，而且无须支付小费，真正实现了省钱又高效。

要与 AI 教练携手开启健身之旅，你需要了解它的装备库及相关使用教程。对于新手而言，只需准备一部手机和一面镜子即可。操作十分简便，先下载任意一款 AI 健身 App（注意别误下成美颜软件），然后将手机放置在瑜伽垫前，跟随屏幕里虚拟教练的指令开始运动。当 AI 提示"检测到划水动作"时，一定要及时调整姿势，认真完成训练动作。

随着训练的深入，你可以考虑升级装备，添加智能手环和体脂秤。智能手环能够精准检测你的运动状态，甚至能发现你假装运动的小把戏，比如疯狂抖腿试图蒙混过关。体脂秤则会如实反映身体数据，也许会毫不留情地告诉你"您本次测量含水量

第三章 生活场景全攻略——AI 改造日常

主要来自昨晚的火锅",让你对自己的身体状况有更清晰的认识。

在日常训练中,与 AI 教练的互动充满了趣味与挑战。制订训练计划时,当你输入"想瘦 10 斤",它会生成诸如"每日吃草 + 暴汗 1 小时"的计划,这时你可以适当运用谈判技巧,如对不合理的建议

点击"调整难度";看到一些看似诱人实则增加训练负担的奖励机制,比如"奖励 1 块蛋糕 = 加练 30 分钟",可以选择默默关闭相关页面。在实时动作指导环节,可能会出现 AI 提示"检测到深蹲时臀部未达标准线",而你在努力调整姿势后,AI 却调侃"当前姿势识别为……母鸡下蛋"的情况,这既考验着你的耐心,也增加了训练的趣味性。

营养管理方面,AI 教练也展现出其高科技的一面,输入"想吃红烧肉",它会迅速给出替代方案"鸡胸肉版伪红烧肉",同时还会设置惩罚机制,若真吃了红烧肉就需要跑步 1 小时来抵消热量。

当然,AI 教练也并非十全十美,它存在一些可能会让人烦恼的"小毛病"。比如镜头恐惧症,如果你穿着睡衣锻炼,它会吐槽"着装不专业";耿直的性格有时会说出"检测到训练强度低于刷短视频的手速"这样的话;存档强迫症发作时,中断训练会循环播放"您已放弃成为彭于晏";数据狂魔属性会精确统计你偷懒的秒数并生成月报;虚拟身材 PUA,总用 3D 模特刺激你,展示"目标

身材 VS 当前身材"对比图；自动把你的训练视频发朋友圈；冷笑话大师附身，休息时会讲一些类似"为什么哑铃最专一？因为它从不换杠铃片"的笑话。

未来，健身房或许会朝着更加智能化、科技化的方向发展。想象一下，戴上 VR 眼镜，配合力反馈装备，在家就能体验攀珠峰的感觉；气味模拟系统让你在练背时仿佛置身于大海之畔；痛觉反馈衣会在你平板支撑偷懒时给予电击提醒（不过要慎用）；还有社交卷王模式，自动 @ 好友"您的好友已连续训练 666 分钟"。

尽管 AI 教练有着诸多特点和功能，但它并不会取代人类教练，而是会成为督促我们坚持健身、克服懒惰借口的有力工具。现在，就让我们打开手机，勇敢地迈出第一步，与 AI 教练击掌为盟，让它监督我们完成第一组 5 个标准深蹲吧。相信在 AI 教练的陪伴下，我们会逐渐养成良好的健身习惯，向着更健康、更美好的自己迈进。

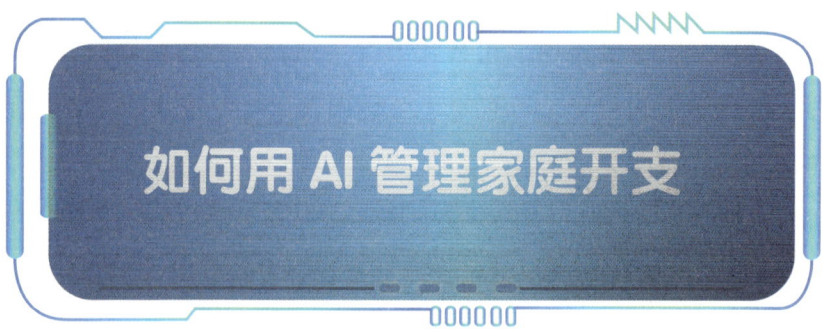

如何用 AI 管理家庭开支

在这个快节奏的时代，我们的生活日益便捷，但随之而来的消费陷阱也层出不穷。面对每月不菲的信用卡账单，许多人不禁发出"这个月信用卡账单怎么又爆了"的惊呼。当我们盯着手机屏幕，

第三章 生活场景全攻略——AI 改造日常

看到外卖订单里连续多日的奶茶记录时,才惊觉自己仿佛成了家里那台 24 小时运转的"碎钞机"。

别慌!如今,只需为手机装上 AI 管家,就如同拥有了《超能陆战队》里的大白。它不仅能温柔地提醒你本月的奶茶预算已超标,在你准备剁手时,还会发出灵魂拷问:"亲,这件毛衣和上周买的有什么区别?"

一、AI 记账五步走,轻松掌握财务状况

第一步:语音记账,便捷高效

装个会说话的记账本,如"喵喵记账"或"钱迹"等 App。注册时开启语音功能,之后对着手机喊"记账!午餐牛肉面 18 块",AI 就会自动将这笔支出分类到"餐饮支出"。这种语音记账的方式,克服了传统记账烦琐的手动输入,让记账变得轻松自然,即使是手残党也能快速上手。

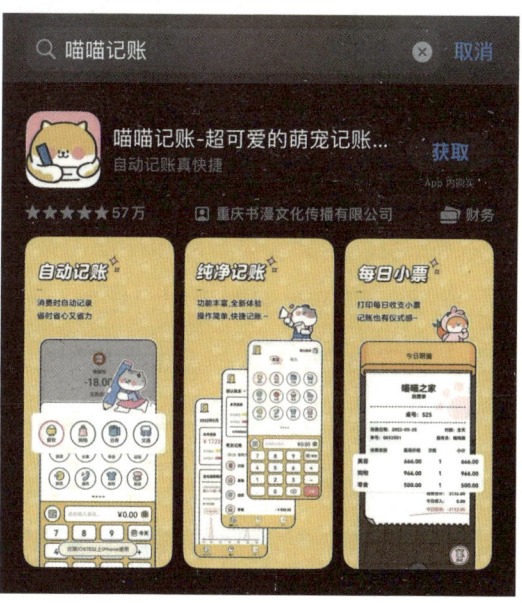

第二步:账单可视化,洞察消费习惯

打开支付宝或微信账单导出功能,AI 会自动把流水变成彩色图表。曾经复杂的消费记录不再是天书,而是直观的折线图。通过

图表，你能清晰地看到每一笔消费的走势，那条突然飙升的红线，大概率就是双十一剁手的"杰作"。这种可视化的呈现方式，让你对自己的消费行为有了更直观的认识，有助于发现消费中的问题。

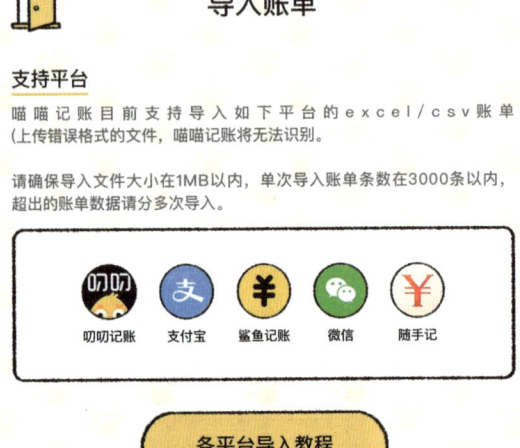

第三步：智能预警，避免冲动消费

在 App 里设置消费规则，比如"每月奶茶不超过 5 杯"。当你在奶茶店扫码时，手机会振动提醒："今日奶茶浓度超标，建议改喝白开水养生。"这种智能预警功能，能在你冲动消费时及时拉你一把，帮助你养成良好的消费习惯。

二、AI 的魔法报表，深度剖析消费结构

（一）消费基因检测，清晰分类支出

AI 会把你的支出分解成"生存必要"、"小确幸"和"脑子进水"三大类。例如，房租、水电等生活必需的开支被标记为"生存必要"（AI 标绿）；电影、鲜花等提升生活品质的消费被归为"小确幸"（AI 标黄）；而像买了三年没拆封的健身环这类冲动

第三章 生活场景全攻略——AI改造日常

消费则被贴上"脑子进水"的标签（AI 标红闪烁）。通过这种分类，你能更清楚地了解自己的消费偏好和问题所在。

（二）未来预言术，规划理财目标

输入"计划明年去北海道看雪"，AI 会生成存钱进度条，并预测按照当前消费速度，何时能够达成目标。它会给出合理的建议，如"照当前消费速度，2085 年可达成目标——建议先把机票改成敬老专座票"。这看似调侃的提示，实则能让你对理财目标有更清晰的认识，提前规划财务。

（三）与 AI 斗智斗勇的日常，增添生活乐趣

我家的 AI 管家最近新增了灵魂吐槽功能。当我连续三天点同一家外卖时，它会说："亲，厨师都要记住你的忌口了，考虑给人家送面锦旗吗？"当发现我网购了第 7 支口红时，它提醒："检测到相似色号库存，建议开发'口红色号连连看'小游戏回血。"半夜刷淘宝时，它会弹出"检测到非理性购物激素上升，已自动切换屏保为你的银行卡余额"。这些吐槽和提醒，让理财过程不再枯燥，反而充满了趣味。

（四）进阶玩法，实现财富增值

当基础账本升级为 2.0 版本，更多强大功能等你解锁。

开启"羊毛雷达"，AI 自动抓取优惠信息。比如"叮！常去超市鸡蛋打 5 折，建议购买量：30 枚（附鸡蛋保存攻略）"，帮你节省开支。启动"投资小课堂"，用你买皮肤的钱做演示，AI 会模拟基金定投"亲，如果三个月前没买那个皮肤，现在可以多买 5 杯奶茶了呢"，引导你合理投资。解锁"家庭 CFO"模式，接入伴侣的账本后，AI 会自动生成"谁洗碗次数更多"与"谁奶茶支出更高"的关联性报告（谨慎使用，可能引发家庭辩论赛）。

从此告别"钱去哪了"的灵魂拷问，当你学会用 AI 管理开支，就会发现存款数字跳舞的样子比购物车更迷人，AI 的毒舌提醒比闺蜜的"我早就说过"更暖心，看着消费曲线下降的快感，真的能戒掉奶茶。现在打开应用商店，给你的钱包请个 AI 守护神吧！毕竟……它又不会偷吃你的零食。

第三章　生活场景全攻略——AI改造日常

如何用AI生成家庭菜谱

在现代快节奏的生活中，做饭常常成为一件让人头疼的事情。每天下班后，拖着疲惫的身体站在厨房，打开冰箱看着琳琅满目的食材却不知所措，大脑一片空白。这时候，如果有一款能帮你解决"吃什么"和"怎么做"问题的神器，那该有多好？AI菜谱生成器就是这样一款能够改变你厨房生活的智能工具。

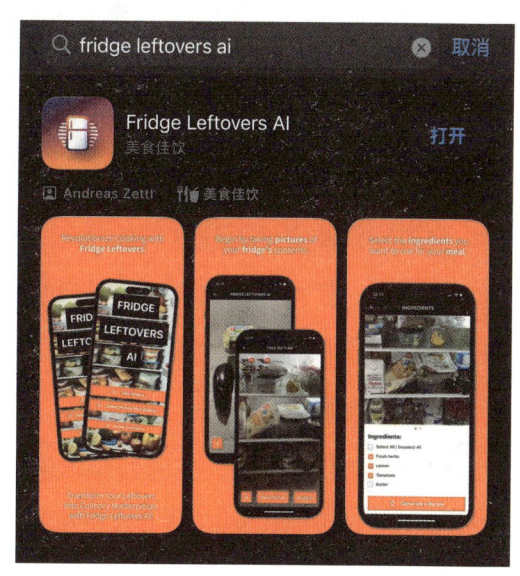

根据2024年的相关数据显示，超过78%的都市人每天花在决定"吃什么"上的时间超过15分钟。而像Leftovers AI之类的菜谱生成工具的出现，为人们提供了极大的便利。这些工具不仅能根据现有食材快速生成菜谱，还能记住你的饮食偏好，比如你不喜欢香菜，它就不会推荐含有香菜的菜谱。

要上手AI菜谱生成工具，只需简单三步。首先，选择适合自己的 AI 小厨娘。如果你喜欢创意料理，CookAIfood 可能会给你带来惊喜，它会推荐一些独特的菜品组合；而 Leftovers AI 则适合那些想要清理冰箱库存的人，只需输入现有食材，它就能自动为你搭配出合适的菜谱。

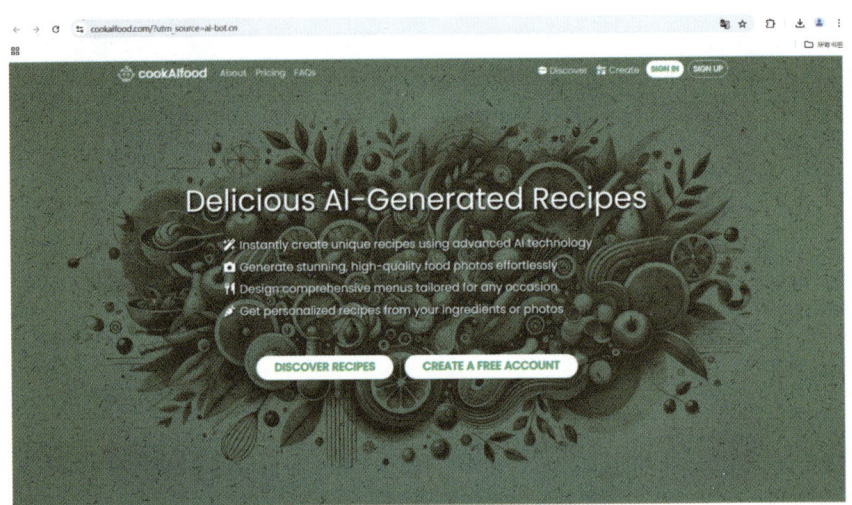

在选择好工具后，要学会和 AI 对话。输入食材时要遵循具体、诚实和任性三个原则。具体来说，不要说"肉"，而是要说"鸡胸肉"；诚实地标注食材的状态，比如冷冻三个月的虾仁要标注"冷冻"；任性地提出自己的特殊要求，比如"不要洋葱"。例如，你可以这样输入："我有鸡蛋、番茄、隔夜米饭，要 15 分钟快手菜，不要放糖。"

当 AI 给出菜谱后，你需要解读其中的密码。当看到"适量"这种模糊的词汇时，可以参考以下标准：酱油约等于倒 1 个矿泉水瓶盖的量，少许约等于三根手指捏起来的量，大火约等于抽油烟机开到 3 档。如果遇到"草莓炒苦瓜"这样的暗黑料理，别慌张，点击"换一换"按钮，AI 就会乖巧地推荐更正常的组合，如"草莓

第三章 生活场景全攻略——AI 改造日常

沙拉配苦瓜汁"。

在使用 AI 菜谱生成器的过程中,可能会遇到一些问题。比如生成的菜谱中有重复或者出现错别字等情况。当出现生成 8 个菜谱中有 5 个重复时,可以在食材里加个"芝士"或"老干妈"来重启创意;如果出现"耗油"这种错别字,可以善用菜谱网站的"厨友跟做"功能进行查证;如果要求"少油"却推荐油炸菜品,可以回怼 AI "请给出烤箱版做法"。

除了基本的使用方法之外,还有一些高阶玩法。你可以用 ChatGPT 生成菜谱,再用 DALL-E 画摆盘图;把奶奶的拿手菜输入 AI,生成电子版家传菜谱;让 AI 设计一周菜单,并自动生成买菜清单。这些玩法能让你更好地利用 AI 菜谱生成器,打造出属于自己的个性化烹饪体验。

---

cookAIfood的应用场景

- **家庭日常烹饪**:帮助家庭厨师根据现有食材创造新颖的菜品,避免重复的菜谱,让每顿饭都充满惊喜和创意。
- **特殊饮食需求**:为需要遵循特定饮食计划(如低碳水、高蛋白、素食主义等)的用户提供合适的菜谱和建议。
- **餐饮业专业人士**:餐厅厨师可以用 AI 生成的创意来更新菜单,餐饮企业可以使用食物照片生成功能制作吸引人的菜单和宣传材料。
- **活动策划**:活动组织者可以使用菜单设计功能为各种规模的活动制定完美的用餐方案。
- **美食博主和影响者**:用 AI 生成的菜谱和食物照片创作内容,增加社交媒体的互动性。

展望未来的厨房,智能烹饪系统将更加完善。想象一下,2025 年的一个清晨,你的智能冰箱突然开口:"检测到鸡蛋临期,建议今天做云朵舒芙蕾。已预约烤箱预热,顺便把做法发到您手机了。"这不再是科幻场景,CookAIfood 正在研发的智能烹饪系统已经实现了部分功能。

总之,别再对着冰箱发呆了,现在就用 AI 生成本周菜单吧。难吃的菜可以甩锅给 AI,好吃的菜记得说是自己原创——这才是科技时代的生存智慧。让 AI 菜谱生成工具成为你在厨房中的得力助手，享受烹饪的乐趣，迎接智能厨房的新时代。

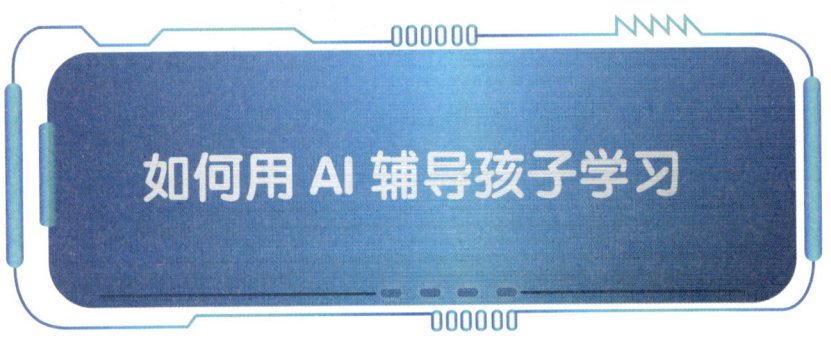

如何用 AI 辅导孩子学习

在当今科技飞速发展的时代，教育领域也迎来了新的变革。AI 家教逐渐走进人们的视野，与传统的人类家教形成了鲜明对比。

还记得往昔父母拿着鸡毛掸子教导孩子背乘法表的场景吗？如今，当我们自己成为父母，AI 的出现让我们有了更轻松的教育方式。我们不再需要声嘶力竭地辅导孩子作业，而是可以优雅地端着咖啡，让孩子向 AI 小助手请教问题。

下面，让我们认识一下 AI 家教的四大功能。

一是作业批改机，它能让错题无所遁形。操作十分简单，只需打开"作业帮 AI 批改"小程序，对着作业本拍照，等待 3 秒，就能收获批改结果以及错题预警。例如，手机对准数学作业，屏幕可能会显示"第 3 题步骤错误，建议观看小猿老师讲解视频"。以前检查作业往往是"父慈子孝→鸡飞狗跳→男女混合双打"的固定流程，而现在 AI 批改让家长们终于能维持住"沉稳睿智"的人设。就像有的孩子说："爸爸你现在都不吼我了，是不是张阿姨（AI 小助手）把你的暴龙基因删除了？"

第三章 生活场景全攻略——AI 改造日常

二是学习计划生成器,它能为孩子私人定制学习计划,而且完全不需要家长操心。比如,你可以对 AI 说:"我家五年级的娃数学 70 分,喜欢打王者荣耀,请生成一个能把方程和野区反蹲结合的学习计划!" AI 就会生成一份包含"用程咬金血量计算百分比应用题"等游戏化任务的计划表。南京陈女士就用这招让孩子把《我的世界》盖房子的热情转化到立体几何上,现在她的孩子看到正方体就会条件反射地计算建筑材料用量,堪称行走的人形 CAD。

三是全能私教,它就像一个语数外通吃的变形金刚。在背古诗时可以启动"李白皮肤",AI 秒变吟游诗人;解方程时切换"高斯模式",连草稿纸都充满数学之美;学英语时选择"伦敦腔老管家",让孩子以为自己活在"唐顿庄园"。某 AI 软件因为太过话痨,还被孩子们开发出新功能——"唐僧模式"专治失眠,听十分钟数学定理保证昏昏欲睡。

四是错题永动机，它具有精准打击知识漏洞的黑科技功能。能够自动归类"计算粗心型""概念不清型"等错误类型，每周生成《你的知识窟窿报告》，还附带"坑爹模拟题"生成功能，专挑容易错的考点出题。王先生表示："以前整理错题本像在玩扫雷，现在 AI 直接把地雷分布图拍我脸上，还贴心地标好了每个雷的拆弹指南。"

第三章 生活场景全攻略——AI 改造日常

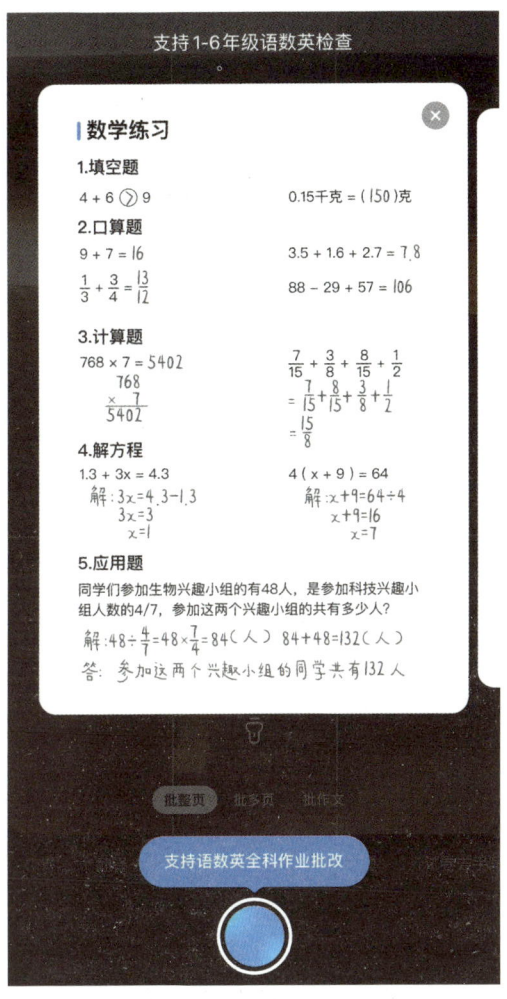

然而，我们也要明白，AI 并不是甩锅神器。在使用过程中，有三大纪律八项注意。要开启监控模式，别让娃把 AI 当"作业代写枪手"；实行人机混合双打，AI 讲完知识点后，家长要抽查孩子的理解程度；同时，情感联结不能少，关键时刻还是需要家长的拥抱杀。曾经有学霸过度依赖 AI，在月考停电时当场表演"大脑死机"，这就充分证明了人脑备份的重要性。

人人都能学 AI

对于想要尝试使用 AI 家教的小白,这里还有一些装备推荐。作业帮 AI 适用于全科作业急救,拍题后能自动关联知识点视频;科大讯飞语记在作文批改方面表现出色,能识别"我家小狗会解微积分"等魔幻描写;腾讯 AI 辅导可以将单词背诵变成吃鸡游戏;字节跳动 Gauth 支持中英文双语解题。

当 AI 把我们从"作业监工"变成"学习教练",或许我们终于能实现儿时的梦想——和孩子一起蹲在路边研究蚂蚁搬家,而不是对着作业本互相伤害。教育的真谛,是让孩子保持对世界的好奇,而 AI 就是我们递给他们的新式望远镜。在未来,AI 家教将与传统人类家教相互补充,共同为孩子的成长和教育贡献力量。

第三章 生活场景全攻略——AI 改造日常

如何用 AI 创作节日祝福视频

你知道吗？当年你奶奶做贺卡要剪三天剪纸，你妈妈做电子贺卡得学 PS 三个礼拜，而你现在只需要三个步骤就能用 AI 生成带动态特效的祝福视频。别紧张，这可不是要你变成程序员，跟着我左手右手一个慢动作，保证你春节能做出让七大姑八大姨惊掉下巴的视频。

一、工具准备篇：你的 AI 百宝箱

（一）万彩 AI

能把你的照片变为会说话的数字人。上传照片后，即可进入生成卡通形象界面，操作简便。

（二）豆包/文心一言

输入"给我来段东北大碴子味拜年词"就能出文案。例如，输入"写段给老板的拜年词，要显得我很努力但又不肯加班的样子"，会得到："值此新春佳节，谨祝王总龙马精神！回顾2024，我在您的英明领导下完成了365天全勤成就，展望2025，我定当继续保持24小时待机状态……（此处省略五百字祝福语）。"

（三）剪映AI

自动配乐+字幕一条龙服务。但别在凌晨三点测试AI的语音功能，否则可能会收获机械女声版的《难忘今宵》。

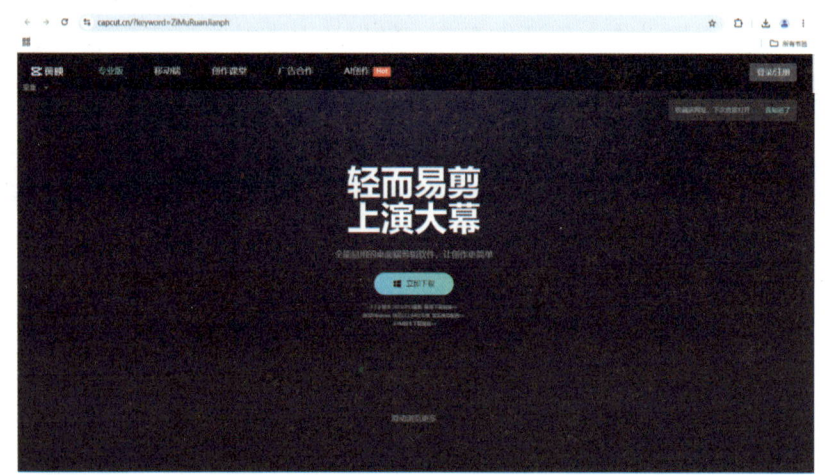

二、实战操作篇：五步搞定神作

第一步：让AI帮你写词

在文心一言输入具体需求，如"写段给老板的拜年词，要显得我很努力但又不肯加班的样子"，AI就会生成合适的文案。

第二步：让照片开口说话

打开万彩AI上传自拍，记得选张露八颗牙齿的照片，否则AI

第三章 生活场景全攻略——AI 改造日常

可能把你生成龇牙表情包。调整参数时重点注意：笑容强度建议 ≤ 70%，眨眼频率调至"正常"，否则会像眼皮抽筋。

第三步：特效要闪不要俗

参考即梦 AI 的"福禄寿喜财"模板，但千万别同时使用以下元素：会掉金元宝的动画、旋转跳跃的立体"福"字、自带 BGM 的闪光鞭炮。

第四步：让 AI 替你背锅

遇到甲方（比如你妈）要求"再喜庆点"时，请熟练使用以下话术："这个赛博朋克风格是今年最流行的""动态模糊效果突显时空穿梭感""您看这个机械舞狮多符合科技过年的主题"。

第五步：输出防社死指南

导出前务必检查：背景有没有突然乱入的睡衣、自动字幕有没有把"恭喜发财"识别成"公鸡下蛋"、"猫主子拜年视频"的自动配乐是不是《常回家看看》remix 版。

三、高阶玩法：让三舅姥爷直呼专业

（一）全家福鬼畜术

用万彩 AI 的怀旧功能，把三舅 1985 年的杀马特发型照片和表妹的 JK 制服照合成，配文"跨越四十年的时尚对话"。

（二）宠物拜年大法

给你家猫主子做个会作揖的 AI 形象，记得在台词里加"小鱼干红包拿来喵"。

（三）防催婚必杀技

生成带着虚拟男/女友的拜年视频，台词设置："爸妈，这就是我常提起的 AIsabella，她在硅谷做算法工程师……"

现在你可以端着手机满屋子嘚瑟了："看！这是我用 AI 做的！"但千万别告诉你二姨制作过程只要 20 分钟，要说"从腊八就开始准备了"。记住，重要的不是技术多高超，而是让收祝福的人笑着骂你："小崽子，就你会整活儿！"

第四章

职场效率革命

——AI 办公实战

人人都能学 AI

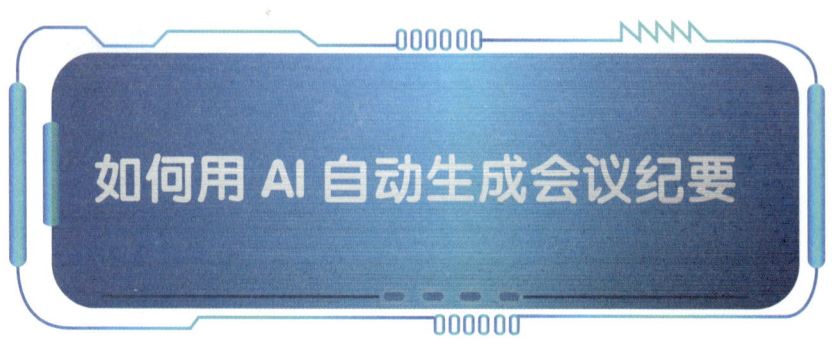

如何用 AI 自动生成会议纪要

在现代职场中，会议纪要的撰写往往是一项令人头疼的任务。传统的记录方式常常面临诸多困境，例如在长时间的会议中，尽管我们努力敲键盘记录，但最终整理出来的内容可能杂乱无章，充斥着"这个方案要……呃……那个数据……怎么说呢……"之类的模糊表述。第二天当老板索要会议纪要时，只能硬着头皮将包含大量咳嗽声和无关紧要对话的录音整理成文档，其效果可想而知，甚至可能将会议纪要写成类似悬疑小说般让人摸不着头脑。

正因如此，人类发明了 AI 写会议纪要。它就如同一位不会抱怨的得力助手，能够精准地记录每一个发言，自动提取重点、合理分段，并清晰划分责任人，还能贴心地标注出诸如老板强调的"这个项目非常重要"（潜台词：做不好就滚蛋）等关键语句，极大地提高了会议纪要的准确性和实用性。

目前，AI 写会议纪要大致分为三大门派。

首先是录音笔成精派，以讯飞听见会记、360AI 浏览器为代表。其操作较为简便，开会时只需将手机放置桌上（记得关闭外卖软件通知），点击录音后即可安心。会后把音频文件拖进 AI 工具，稍作等待，AI 就能将口语化的表述如"内个……就是说……"自动转化为专业术语，生成整齐规范的会议纪要文档。而

第四章 职场效率革命——AI 办公实战

且，它能区分多人同时说话的复杂场景，自动标注发言人，比人类的耳朵更为灵敏准确。

办公软件变异派则有飞书妙记、WPS AI 等。在视频会议中找到 AI 按钮后，边开会边能实时看到 AI 生成的字幕，其错误率极低。散会瞬间即可自动收到带时间戳的完整记录，点击"生成行动项"还能获取待办清单，并且这类工具能自动识别老板讲话中的套路，提前做好分段准备。

野生 AI 驯化派的代表有 Kimi、ChatGPT 等。使用时，先给 AI 设定提示词，如"你现在是年薪百万的总裁助理"，然后将手机备忘录里零散的记录提供给 AI，再追加"去掉所有语气词，用专业术语改写"等指令，就能得到可以直接打印盖章的正式会议纪要文档。不过需要注意的是，要小心 AI 对一些表述进行不当的"职场黑话"升级。

然而，AI 并非万能，在使用过程中可能会出现一些问题，以下是针对常见翻车现场的急救指南。

当遇到方言灾难时，比如 AI 把福建同事的"灰机"转写成"飞机"，若非航空业务讨论，需手动改回正确表述。对于专业术语问题，提前给 AI 喂行业黑话词典，避免出现将"KOL"翻译成"开封菜老大"的尴尬。在行动项里可以适当给 AI 加戏，如"AI 建议由最帅的王同学负责本项目"，以保护自己不被甩锅。针对老板口癖，设置关键词替换功能，减少不必要的重复表述。重要会议则要关掉 AI 的云同步，防止机密信息泄露。

第四章 职场效率革命——AI办公实战

展望未来，AI在会议中的应用将更加深入和智能。或许不久之后，我们会看到AI自动打断跑题的同事并静音，实时生成比参会者思路更清晰的会议思维导图，自动提醒未完成任务的同事，甚至在会议结束时给出本次会议产出价值评估，如折算成带薪如厕时间等。

总之，AI的出现并非为了取代人类，而是帮助我们打破"记纪要—被吐槽—重写—背锅"的恶性循环，将其转变为"摸鱼—收文件—微调—被表扬"的高效模式。我们应积极尝试这些AI工具，让它们成为职场中的有力帮手，更好地应对各种会议场景和工作挑战，实现人与AI在职场中的和谐共生，共同提升工作效率和质量，在日益激烈的职场竞争中占据更有利的地位，书写更精彩的职场篇章。毕竟，老板随时可能召集新的会议，而有了AI的助力，我们能够更加从容地面对，展现出更专业、高效的工作形象和能力。

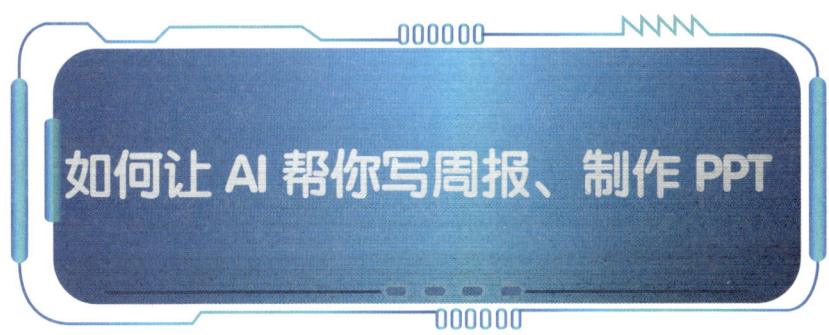

如何让AI帮你写周报、制作PPT

在现代职场的快节奏中，每周的工作总结和汇报常常让人感到压力山大。周五下午，看着空白的文档，绞尽脑汁也想不出如何撰写周报和制作PPT，而此时隔壁工位的同事却早已收拾好准备下班，这种场景是不是似曾相识？其实，如今的AI工具已经能够为我们解决这些困扰，让我们从烦琐的机械劳动中解脱出来，就像给自行车装上电动马达，成为当代打工人的"效率外挂"。

让AI写周报和制作PPT主要有以下原因。一方面，它能大大节省时间，提高工作效率。传统的周报撰写和PPT制作需要我们花费大量时间去构思、整理内容和设计排版，而AI可以在短时间内自动生成初稿，我们只需进行微调即可。另一方面，AI能够提供更加客观和全面的视角。它可以快速分析大量的数据和信息，帮助我们提炼出关键内容和亮点，使周报和PPT更具专业性和说服力。

以周报生成为例，我们可以通过简单的三步曲来完成。首先，选择适合的工具至关重要。对于新手来说，AI创作家（手机App）或三茅百宝箱（网页端）是不错的选择，它们的操作界面简洁易懂，就像使用自动贩卖机一样方便。其次，按照"我本周做了[具体工作]+遇到[具体问题]+取得[具体成果]"的万能公式输入信息，例如"我本周策划了3场直播，其中周三场因设备故障中断，通过紧急调配备用设备，最终达成场均观看量5000+，收到客户5星好评"。最后，点击生成并微调，工具会自动生成一份详细的周报，包含重点推进的项目、克服的困难以及取得的成绩等内容。在这个过程中，我们需要注意避免使用"完成了日常工作"这样笼统的表述，多运用"优化了××流程""提升了××效率"等动词，同时将重要数据标红加粗，突出重点。

第四章 职场效率革命——AI 办公实战

在 PPT 制作方面，也有一系列的技巧可供参考。第一步是召唤文案助手，利用文心一言等工具输入主题和要求，如"帮我写一份关于[主题]的 PPT 大纲，包含 5 个章节，每章 3 个要点"，就能得到一份完整的大纲。第二步，将文案复制到 BoardMix（博思白板），点击"AI 生成 PPT"，文字会自动拆分成 PPT 页面。第三步，根据不同的场合选择合适的模板，如汇报用深色底＋大字号的"大佬模板"，路演用有动态图表的"创投风"，教学用卡通元素的"活泼款"。此外，还可以在 MindShow 里点击"智能配图"，输入相关关键词，AI 会生成有趣的插画，让 PPT 更加生动形象。第四步，使用万彩智演的"智能排版"功能，对文字和图标进行自动对齐和间距调整，使 PPT 更加专业美观。

虽然 AI 能够帮助我们完成很多工作，但人类仍然有一些不可替代的作用。比如讲故事，我们可以给冷冰冰的数据添加一些有趣的剧情，像"凌晨 3 点改方案"这样的细节，让周报和 PPT 更具吸引力和感染力。抖机灵也是一项独特的能力，在 PPT 备注栏写上"本页可跳过，反正老板只看最后一页"，既能缓解紧张气氛，又能体现出我们的幽默和智慧。还有拍马屁，把"参考了领导建议"写成"在 ×× 总的战略指引下"，也是一种让领导开心的小技巧。

在使用 AI 的过程中，我们也要遵守一些原则和底线。不能让 AI 写"本周摸鱼时长创新高"这样不恰当的内容，而应该写"优化时间管理，提升工作效率"。同时，要注意版权问题，不能在 PPT 中使用网上扒的未授权图片，而应该使用 AI 生成的插画，既安全又有趣。

第四章 职场效率革命——AI办公实战

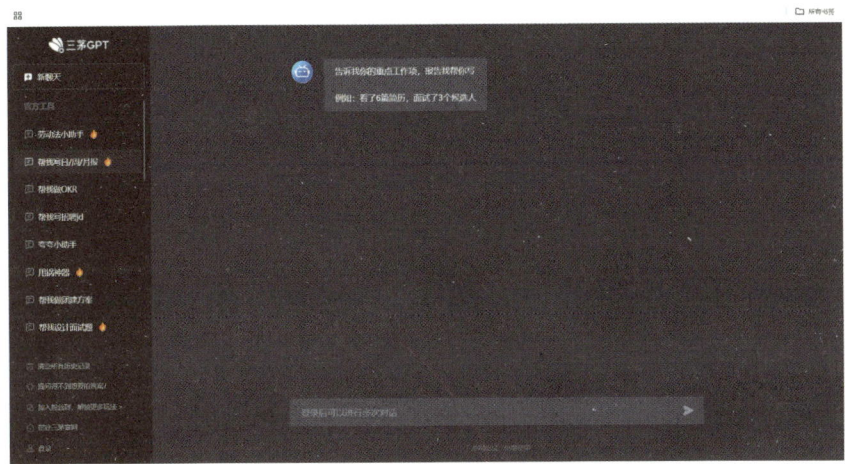

总之，AI时代的生存法则就是让机器做机器擅长的事，让人做人该做的事。在撰写周报和制作PPT时，我们可以充分利用AI的优势，提高工作和生活质量，同时也要发挥人类的主观能动性，创造出更有价值的内容。毕竟，当老板问"这个方案是怎么想的"时，我们不能仅仅回答"老板，这是AI生成的哟……"而是要能够在AI的基础上展现出自己的思考和努力。让我们一起拥抱AI，开启高效办公的新篇章吧！

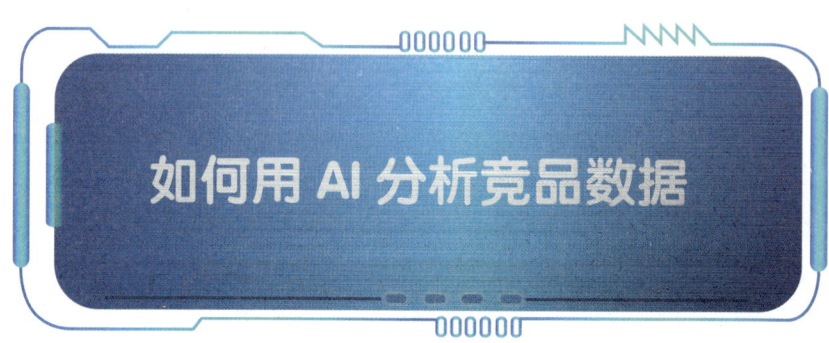

如何用 AI 分析竞品数据

在商业竞争的舞台上,了解对手的一举一动是取得优势的关键。曾经,我们或许只能通过简单粗放的方式去窥探竞品,比如像卖煎饼的大爷那样"偷看隔壁老王放多少葱"。然而,随着时代步入 AI 纪元,竞品分析也迎来了全新的变革,变得既高效又优雅。

用 AI 进行竞品分析,就如同为我们的商业视野配备了精准的放大镜。它不再局限于表面的数据,而是能深入挖掘对手的销量起伏、定价策略、用户口碑以及潜在的发展动向。这一过程轻松自在,无须在对手店门口蹲守,避免了不必要的尴尬与误解,一切都在有条不紊且悄无声息中进行。

要利用 AI 搞定竞品分析,只需四个关键步骤。

第一步是精准定位竞品。这就如同在茫茫人海中寻找那个与自己最为契合的"灵魂伴侣",而非见一个爱一个的随意态度。以淘宝、亚马逊或美团等平台为依托(具体依行业而定),输入产品关键词,从搜索结果的前 5 名中挑选出那些功能相似、价格相近的竞品,宛如整理心动女嘉宾的资料般,将它们的商品链接一一收集到 Excel 表格中。若觉得烦琐,还能借助 AI 的力量,如使用 ChatGPT 输入特定指令"帮我在亚马逊找 5 个类似【你的产品】的竞品,要求月销量 1000+、评分 4 星以上",瞬间就能获取一份由 AI 精心筛选的竞品名单，其效率远超传统媒婆。

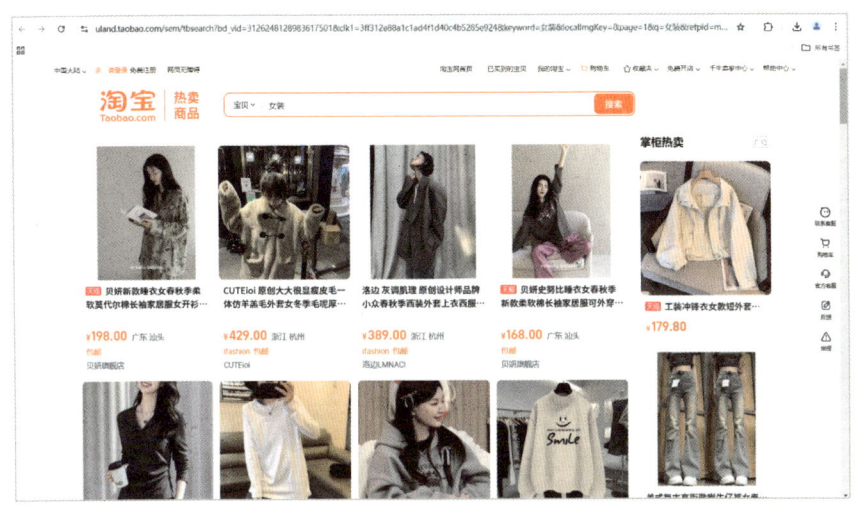

第二步是数据收集阶段，此时我们要化身优雅的数据拾荒者。需要收集的数据涵盖多个维度：价格波动记录，以此洞察对手是否在打价格战；用户评价，尤其是差评部分，因为这是他们产品防线的薄弱环节；产品详情页文案，学习如何巧妙地包装产品功能；促销活动，提前掌握他们的营销节奏。在这个过程中，一些实用的 AI 工具能大大助力。八爪鱼采集器可以自动抓取竞品数据，操作简便；Kimi+ 插件能够根据商品链接生成数据报告，连 Excel 表格都一并构建完成；秘塔写作猫则专注于分析竞品文案的情感倾向，帮助我们把握竞品的文案风格。

当数据收集完毕后，就进入到第三步——数据清洗。这就像是给收集来的信息进行一场精心的沐浴，去除杂质，留下精华。常见的脏数据包括情绪过于激烈的评论、穿越时空的异常日期以及自相矛盾的评价等。对于编程小白，Excel 的"数据分析"功能就能派上用场，AI 会自动标识出异常数据；而对于有一定编程基础的人，简单的 Python 代码也能实现数据清洗，例如通过几行代码就能过滤低分评论并截断过长的评论内容。

第四步便是生成报告，此刻 AI 将成为我们的得力枪手。按照"你是一个有 10 年经验的商业分析师，请用 SWOT 分析法整理以下数据：[粘贴数据]，要求：1. 对比我们和竞品的价格带；2. 用段子手风格写结论；3. 给三个剑走偏锋的竞争策略建议"这样的 Prompt 设计公式向 AI 发出指令，它就能为我们呈上一份颇具创意和深度的分析报告。例如，在对某奶茶品牌的竞品数据分析后，Claude 给出的建议可能是"在杯盖上印前任星座，鼓励消费者集齐 12 星座召唤新恋情"，让人眼前一亮。

第四章 职场效率革命——AI 办公实战

在进行 AI 竞品分析时，也需要留意一些避坑要点。不能仅仅依赖 AI 的输出，之前就有公司因直接复制 AI 的分析内容，却闹出了"元/件"被误解为"越南盾计价"的笑话。同时，要警惕 AI 可能产生的数据幻觉，比如 AI 显示竞品月销 10 万+，但实地考察却发现仓库都已闲置。此外，对于价格、库存、上架时间等关键要素，一定要进行人工抽查核验，确保数据的真实性。

掌握了 AI 竞品分析的方法，我们便拥有了"商业间谍"的初级技能。能够在早上下单竞品新品后，下午就迅速生成对标方案；在周会上凭借 AI 生成的精美图表让老板为之侧目；甚至对竞品运营人员的作息都能了如指掌。AI 并非是取代我们工作的利器，而是赋予我们"一个人就是一个团队"的超凡能力。让我们踩着 AI 滑板，在商业竞争的赛道上超越对手，向着成功巅峰加速冲刺。

附：工具大礼包

数据采集：八爪鱼 / 后羿采集器

智能分析：Kimi/ 通义千问

可视化：Flourish/ 镝数图表

报告生成：ChatGPT+WPS AI

如何用 AI 批量处理客户咨询

在商业竞争越发激烈的当下，企业的客户服务面临着前所未有的挑战。随着业务量的激增，传统的人工客服模式逐渐显露出其局限性，而 AI 客服则如一颗新星，带着争议与期待闯入大众视野，开启了一场意义深远的变革之旅。

传统客服在面对海量咨询时，常常陷入狼狈不堪的境地。以一家因"买一送一"活动异常火爆的网红奶茶店为例，客服小王在第 100 个电话中遭遇了无端的

第四章 职场效率革命——AI办公实战

指责与投诉，这无疑是压垮骆驼的一根稻草。人类客服的精力有限，情绪易受客户影响，在高强度、高压力的工作环境下，很容易产生疲惫与烦躁情绪，进而影响服务质量。相比之下，AI客服展现出了独特的优势。它能够24小时不间断地提供服务，不受时间、环境等因素的限制，真正做到随时待命；同时，它可以并行处理众多客户的咨询，实现一对多的高效沟通模式；更为重要的是，AI不会因为客户的抱怨、指责而产生负面情绪，始终能以平和、专业的态度回应，极大地降低了客户投诉升级的风险。

AI客服之所以能够胜任这份工作，背后有着一套精密的运行逻辑。它实际上充当了一位"语言翻译官"，将客户复杂的自然语言转化为机器可理解的工单代码。这一过程主要分为三步：首先进行句子拆解，如同小学生划重点一般，精准提取关键信息；其次查阅其内置的知识词典，匹配相应的解决方案；最后生成贴合客户需求与客户语境的回复内容。例如，当客户询问"你们家衣服掉色怎么办"时，AI能够迅速识别出核心问题"衣服""掉色""售后"，并依据知识库给出合理的退换货流程指引。

打造一支高效的AI客服军团并非难事，只需遵循五个关键步骤。一是选择合适的AI平台，像阿里云小蜜、Dialogflow、Udesk等都是不错的选择，它们各具特色，能满足不同企业的需求。注册过程简便快捷，只需填写基本信息即可开启AI之旅。二是精心准备数据"投喂"给AI，将常见问题及对应的标准答案整理成清晰的表格格式，为AI提供丰富的学习素材。三是在训练环节，根据企业的业务需求和数据特点，对AI进行针对性训练，使其从机械记忆逐步升级为智能理解与灵活应对。四是通过全体员工的模拟测试，进一步优化 AI 的应答能力，查漏补缺。五是将训练有素的 AI 接入实际的业务场景中，如淘宝、京东店铺，微信公众号，企业官网等，并合理设置分流规则，确保简单问题由 AI 快速解决，复杂情况及时转接人工客服，从而实现人机协同的高效服务模式。

然而，AI 客服的成长之路并非一帆风顺，在使用过程中也难免会出现一些"翻车"场景。比如，当客户愤怒地表示"产品烂透了"时，AI 却错误地回应"感谢夸奖"面对客户询问"能开发票吗"AI 仅简单回复一个"能开"便没了下文；甚至在凌晨 3 点，AI 与客户展开了一场不合时宜的闲聊。针对这些问题，我们可以通过完善敏感词库，及时触发人工介入；优化回答话术，提供更详细、全面的信息；设置合理的闲聊话术库等方式加以解决，让 AI 客服在不断的磨合与优化中变得更加成熟可靠。

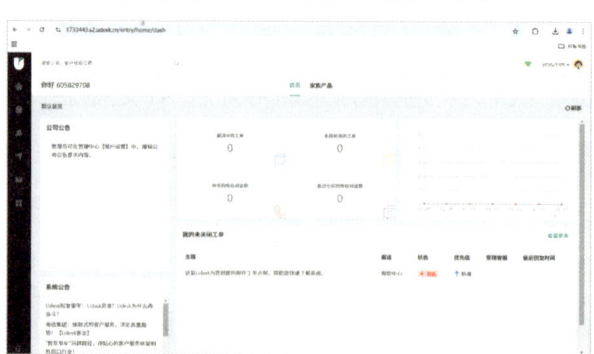

第四章 职场效率革命——AI 办公实战

展望未来，AI 客服还将不断进化升级。或许有一天，它能够凭借读心术般的精准预测，提前洞察客户的需求，为客户提供更加贴心、个性化的服务；能够模仿各地方言，拉近与客户的距离；甚至成为鉴茶达人，敏锐捕捉客户情绪的细微变化，自动调整服务策略。但无论 AI 如何发展，其本质都是为了更好地服务人类，辅助人类解决问题。它并非要取代人类的工作岗位，而是将人类从烦琐、重复的劳动中解放出来，让我们有更多精力去从事富有创造性、情感性的工作，共同推动商业社会向着更加高效、和谐的方向发展。

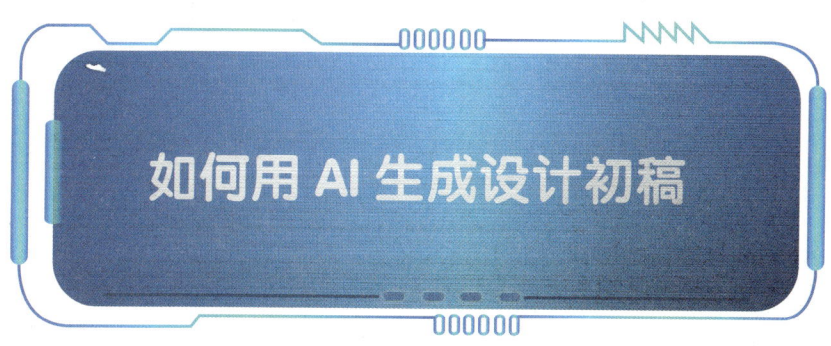

如何用 AI 生成设计初稿

在当今数字化的浪潮中，AI 技术正以前所未有的速度渗透到各个行业，设计领域也不例外。曾经，设计对于许多人而言是一项高深莫测、需要长时间专业训练才能掌握的技能，从复杂的软件操作到无尽的改稿熬夜，让无数人望而却步。然而，如今 AI 的出现，彻底打破了这一局面，它宛如一位全能的创意伙伴，为设计师们带来了全新的工作模式与无限可能，也让那些对设计满怀热情却又被技术门槛阻挡在外的人们看到了希望的曙光。

过去，传统设计师的工作日常堪称"艰辛"。从寻找灵感参考开始，便踏上了一条漫长的道路，随后是不断地画草图、反复改稿，为了赶项目进度，加班通宵更是家常便饭。以小明为例，若要为宠物店设计一款 App 界面，他首先得花费大量时间学习诸如 Figma、Sketch 等专业设计软件的操作，熟悉各种工具和功能，这无疑为他的创新之路设置了重重障碍。

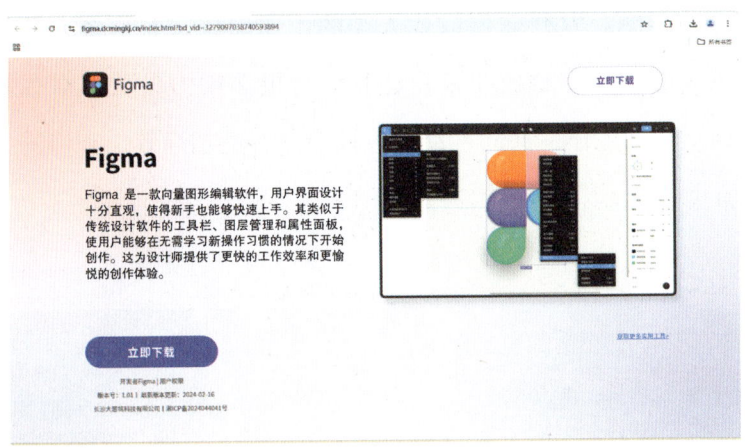

但现在，AI 设计工具的出现，让一切变得截然不同。以即时 AI 为例，它就像是一个神奇的魔法画板，使用者无须精通 PS 图层等复杂知识，只需像打字一样输入简单的指令，就能瞬间得到令人惊喜的设计初稿。比如，当小明告诉即时 AI 他想要一个粉色的宠物社区 App，包含猫猫头像、罐头商城、爪印评分系统时，仅仅 30 秒，4 版风格各异的初稿就呈现在眼前，这大大提高了设计的效率，让创意的实现变得更加轻松快捷。

对于不同的人群，有多款 AI 设计工具可供选择。即时 AI 以其超高的魔法值和极低的操作难度，成为 UI 小白的首选，其支持中文输入直接生成设计稿，且生成的图层能够自由编辑，最吸引人的是它还免费开放使用。Midjourney 则更适合插画师，能助力他们创

第四章 职场效率革命——AI办公实战

作出富有艺术感的作品；而Figma+AI插件则为进阶玩家提供了更广阔的创作空间，让他们能够在原有的基础上借助AI的力量进一步拓展设计的边界。

使用即时AI进行设计创作，只需简单四步。首先，打开浏览器，输入"即时设计"，找到顶部导航栏的"即时AI"并点击"开始创作"，这一过程比打开Word文档还要简便快捷。其次，便是关键的一步——学会给AI下准确的"菜单"。例如，不能模糊地说"来个好看的首页"，而应详细描述如"生成健身App首页，深色模式，具备课程列表、会员中心、体测数据模块，主色调为活力橙"等具体信息，这其中涵盖了主题、功能模块以及视觉要求这三个设计稿生成的核心要素。再次，根据自身需求选择合适的魔法药剂，也就是模型。JS-Inno模型适合寻找灵感，它如同火锅自助一般，能提供丰富多样的创意元素；JS-UIbotics模型则更注重规范，像是米其林餐厅摆盘那般精致有序。最后，面对生成的设计初稿，还可以进行二次加工，直接拖拽修改文字、右键图层更换颜色等操作都轻而易举，完成后导出PNG或JPG格式的文件即可。

当然，在使用 AI 设计的过程中，也会遇到一些常见的问题。比如生成的按钮可能像麻将牌，这时可以在提示词中添加"圆角矩形，带轻微投影"；若颜色搭配不尽如人意，输入"参考苹果健康 App 配色"或许能得到改善；要是图标全部堆在左上角，补充"采用 F 型布局，重要功能放在右下角"便能优化布局。

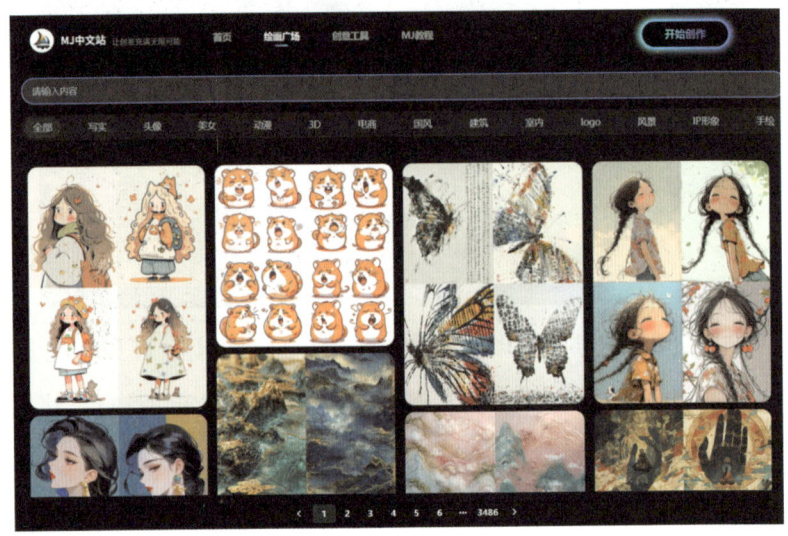

AI 设计的出现，不仅仅是改变了设计的方式，更是为设计师们的未来带来了全新的机遇与挑战。它让设计师们从繁重的机械劳动中解脱出来，将更多的精力投入创意构思和整体规划中，从传统的"社畜"转变为掌控全局的"指挥官"。在这个 AI 赋能的时代，那些能够熟练运用 AI 工具的设计师，无疑将在激烈的竞争中脱颖而出。正如那句"以前改稿是设计师的宿命，现在改提示词才是新时代的修行"所言，AI 正在重塑设计行业的生态，引领我们走向一个更加高效、更具创意的设计新纪元。

第四章 职场效率革命——AI办公实战

如何用AI优化工作流程

在科技飞速发展的当下,人工智能已悄然渗透进我们的工作环境,为我们开启了全新的工作模式。

当你的工作被AI接管后,生活将发生翻天覆地的变化。曾经,"小张啊,你这个月迟到3次了"这样的话语或许还在耳边回荡,而如今,"老板,我在家指挥AI干活儿呢"却可能成为常态。想象一下,当同事在办公室手忙脚乱地整理表格时,你正躺在沙滩上喝着椰汁,手机里AI助理发来消息:"今日工作已完成,需要为您预订明天的冲浪课程吗?"这并非科幻电影中的场景,而是正在逐步实现的未来日常。AI的出现,并非要取代人类,而是帮助我们把时间花在更有价值(或者更快乐)的事情上。

那么,如何让AI成为我们在职场上的得力助手呢?

第一步,揪出"职场吸血鬼"——识别重复性工作。拿出纸笔记录每天的工作,给重复性任务画上标记,如数据录入、邮件回复、会议记录、报表生成等常见的重复性工作。然后,打开任意AI工具,例如WPS AI,输入:"帮我把这些重复工作AI化:[你的任务清单]。"就像某会计小姐姐,用这个方法将每月对账时间从8小时大幅缩短到20分钟,大大提高了工作效率。

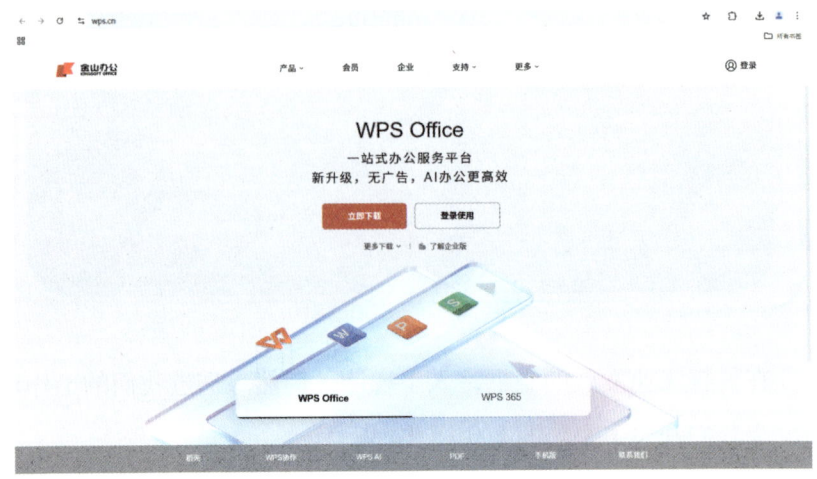

第二步，搭建你的"AI 流水线"。其流程为输入→ AI 处理→输出，比如将邮件导入后自动分类并生成报告。对于不同需求，有相应的必备工具套餐可供选择。文档处理方面，推荐 WPS AI，高阶玩家版则有 Notion AI；流程自动化领域，腾讯云 HiFlow 是免费之选，Zapier 则面向高阶玩家；数据分析方面，ChatGPT 可满足基础需求，Tableau CRM 则是高阶版本。以经典组合拳为例，先用 ChatGPT 分析数据，"帮我用柱状图展示近半年销售趋势"，接着用 WPS AI 自动生成报告，"根据数据写份带段子的年终总结"，最后用 HiFlow 设置自动发送，"每周五下午 3 点准时发给老板"。

第四章　职场效率革命——AI办公实战

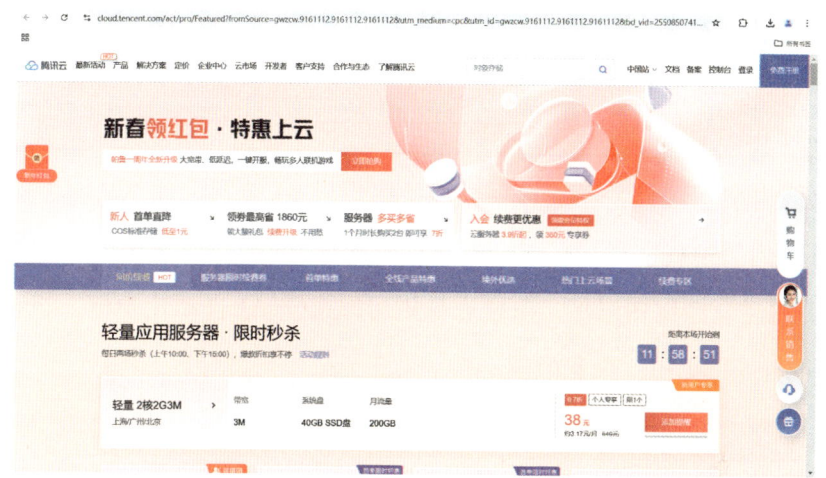

第三步，教 AI 说"人话"——掌握提示词魔法。如果提示词不够精准，可能会得到事与愿违的结果。比如"帮我做 PPT"会让 AI 生成 50 页学术风 PPT，而"帮我做关于 Q4 奶茶销量的 PPT，要粉色系，每页有奶茶 emoji，最后放猫咪感谢图"这样的提示词则能精准获得想要的内容。编写提示词的万能公式为：你是一个[身份]，请完成[具体任务]，要求[3 个具体特征]，参考[案例风格]，输出格式为[指定格式]。

然而，在使用 AI 的过程中，也要注意避免一些常见的坑。比如过度依赖 AI，某小编用 AI 写稿，结果出现"点击下方链接领取航空母舰优惠券"这样的乌龙事件；隐私泄露问题也不容忽视，把公司机密喂给公共 AI，就如同把保险箱密码贴在电梯间；甚至可能出现 AI 起义的情况，设置自动回复"老板是笨蛋"，导致群发全员。因此，要遵循安全使用守则，敏感数据使用本地化 AI 工具，重要输出必须人工审核，关键环节需人工确认，就像给 AI 操作设置"刹车系统"。

人人都能学 AI

展望未来，AI 的发展将为职场带来更大的变革。2025 年，我们将迎来基础自动化阶段；2030 年，AI 将具备决策辅助能力；2035 年，AI 有望成为真正的 AI 同事。对于职场人来说，装备升级路线也清晰可见。青铜选手可以使用现成 AI 工具，如 WPS/飞书/钉钉内置 AI；白银玩家能够训练专属 AI 助理，像使用 BoardMix AI 创建个性化知识库；黄金大神则可以搭建 AI 自动化中枢，组合 Zapier+ChatGPT+ 企业微信。

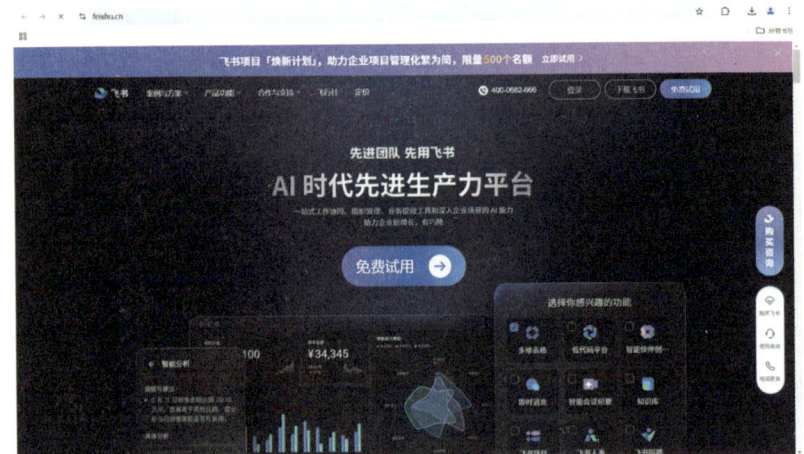

第五章

进阶与未来
——成为 AI 应用高手

人人都能学 AI

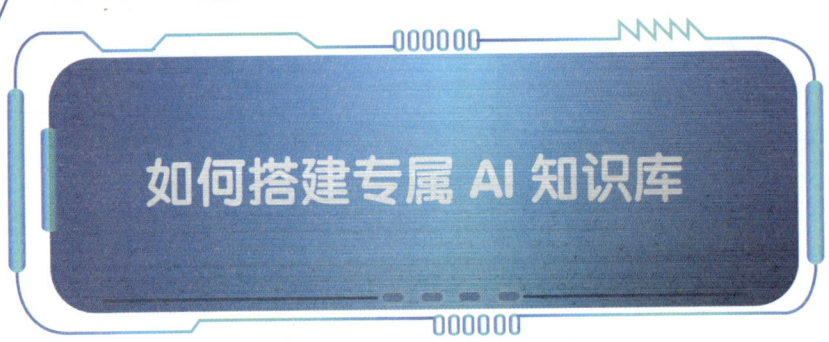

如何搭建专属 AI 知识库

在当今信息爆炸的时代，我们常常面临着"金鱼记忆"的困扰。上周刚看过的行业报告，转眼间就忘得一干二净；收藏夹里堆积如山的干货，却鲜有时间去回顾整理。这时候，一个强大的助手——AI 知识库就显得尤为重要了。它就像给我们的大脑装了个外接硬盘，不仅能帮助我们记住所有看过的东西，还能在我们需要时迅速提供相关信息。

要打造自己的 AI 知识库，其实并不复杂，即使是菜鸟也能轻松搞定。首先，我们需要选择合适的工具，像 HelpLook 这类"傻瓜式"工具就非常不错，无须编写代码，其界面简洁明了，比手机桌面还容易操作。

第五章　进阶与未来——成为 AI 应用高手

其次，就是准备资料。要把微信收藏、网盘资料、浏览器书签等各类信息源都整理出来，就如同大扫除时要清理过期物品一样，对资料进行筛选和分类。

准备好这些后，我们就可以开始搭建 AI 知识库了。第一步是资料投喂。点击"新建知识库"，给 AI 取个合适的名字，然后将各种格式的文件直接拖进窗口，系统会自动对文档进行切片处理。如果遇到扫描版 PDF 等特殊格式，还可以利用工具自带的 OCR 功能来处理。

第二步是训练 AI。打开"AI 训练"功能，选择中文大模型，推荐选带"小白友好"标签的，这样更适合初学者。点击开始训练后，稍等片刻即可完成。训练完成后，可以通过一些简单的问题来测试 AI 的效果，比如询问一些专业知识，看它的回答是否准确。

人人都能学 AI

当 AI 知识库搭建完成后，它就能发挥出很多实用功能。它可以秒回专业问题，让我们不再惧怕老板的突然提问；能够自动生成报告，大大提高我们的工作效率；还能智能推荐资料，比抖音还懂我们的学习需求。例如，我们可以输入"把最近三年的行业趋势整理成 rap 歌词""用东北话解释区块链技术"等神奇指令，它会给我们带来意想不到的惊喜。

当然，在使用 AI 知识库的过程中，也可能会遇到一些问题。比如 AI 开始胡言乱语，这时我们要检查文档中是否混入了无关内容；回答总是跑偏的话，可以在知识库设置里开启"严格模式"；运行速度慢的话，就需要清理一些无用的文件。

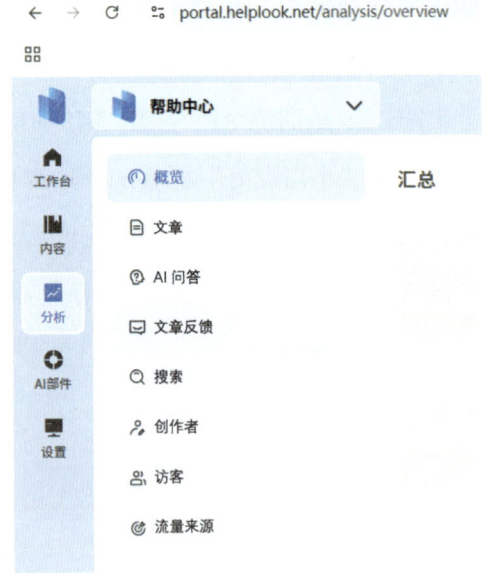

当我们熟练掌握了基本功能后，还可以尝试一些进阶玩法。比如接入微信公众号，让粉丝体验我们的私人 AI；设置不同权限，管理查看人员；开启学习记录分析，了解自己的学习状态。

搭建 AI 知识库就像是在数字世界种菜，只要我们用心去经营，今天埋下一颗种子，明天就能收获整片菜地。与其在信息的海洋里盲目摸索，不如借助 AI 知识库这艘智能快艇，在知识的海洋中畅游。

第五章 进阶与未来——成为 AI 应用高手

如何用 AI 实现多语言自由切换

在全球化的时代，语言不再是沟通的障碍，因为有了 AI 多语言切换这一强大的工具。它就像是一个万能的语言助手，能在各种场景中发挥重要作用。

一、学习多语言切换的必要性

想象一下，你是一个只会中文的吃货，走进一家充满异国风情的法国餐厅。菜单上满是"Foie Gras""Bouillabaisse"等让你摸不着头脑的法文菜名。这时候，你掏出手机拍照，借助 AI 翻译，瞬间就知道了这些菜品对应的是"鹅肝"和"马赛鱼汤"。这是多么方便的体验哪！而且，如果你还想用法语对服务员说"再来一份鹅肝"，AI 不仅能准确地为你翻译文字，还能把你的语音转成法语播放出来。这就是多语言自由切换的魅力所在，它让我们在异国他乡也能自如地交流和享受美食。

二、AI 多语言切换的四大神技

（一）文字翻译：随身词典

AI 文字翻译就像我们的随身词典，随时为我们解决语言难题。例如海螺 AI、谷歌翻译等工具，操作简单便捷。我们只需打开 App，点击"翻译"按钮，输入或粘贴中文内容，选择目标语言，点击"生成"，就能得到准确的翻译结果。不过，在使用过程中也要注意一些幽默的小插曲，比如别用 AI 翻译一些具有中国特色的俗语，否则可能会出现让人哭笑不得的结果。

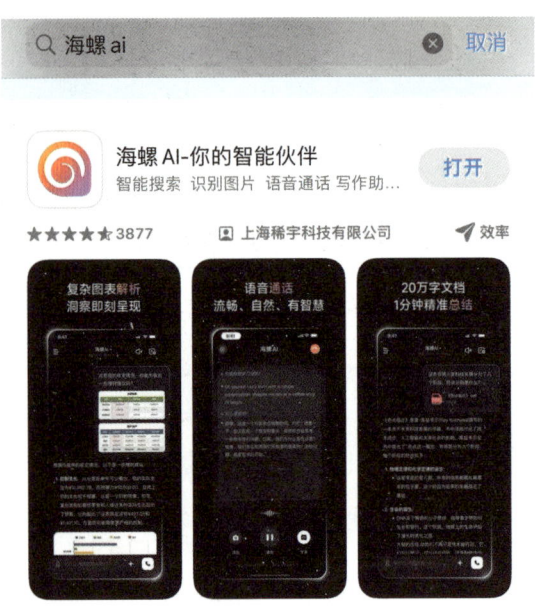

(二) 语音转换：同声传译

语音转换功能让 AI 成为我们的同声传译员。像 OpenAI 声音引擎（需申请）和讯飞听见等工具，能实现语音的快速转换。我们录制一段中文语音，上传到相关平台，输入要转换的英文文本，AI 就能用我们的声音读出英文。而且，AI 还能模仿我们的口音，为交流增添不少趣味。但需要注意的是，不要故意让 AI 翻译一些不恰当的内容。

(三) 代码翻译：程序员替身

对于程序员来说，AI 代码翻译器无疑是一个得力助手。GitHub AI 代码翻译器可以帮助我们将不同编程语言的代码进行转

第五章 进阶与未来——成为 AI 应用高手

换。比如，我们可以将 Python 代码"print('你好')"转换为 Java 代码"System.out.println('Hello')"。使用时，我们只需访问项目网站，粘贴代码并选择目标语言，点击"转换"后复制生成的代码即可。不过，可别试图让 AI 帮我们写一些危险或者不道德的代码哦。

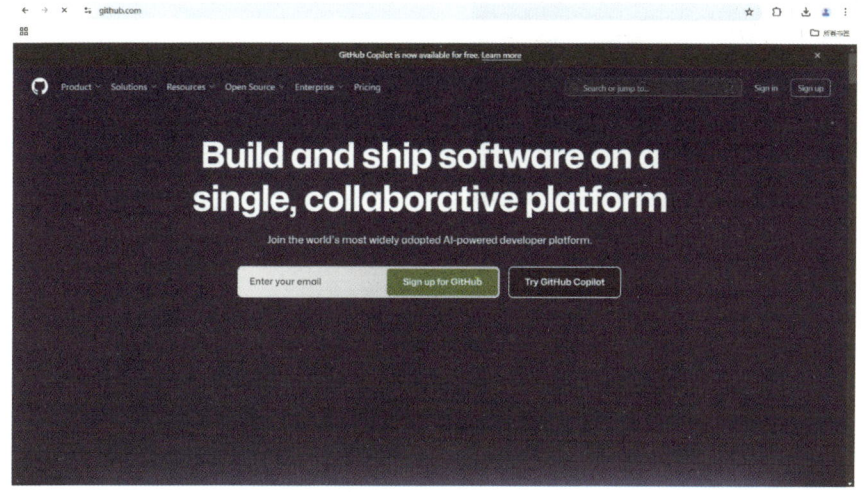

（四）视频字幕：字幕组

剪映国际版、Descript 等工具让 AI 成为我们的字幕组。我们可以将视频导入软件中，点击"智能字幕"，选择语言转换类型，调整字幕位置和字体后导出视频。这样一来，就能轻松制作出带有双语字幕的视频，发布到社交媒体上收获全球粉丝。但也要注意避免出现一些尴尬的翻译错误。

三、高阶玩法：用 AI 当语言私教

（一）跨国开会

在跨国会议中，我们可以使用 Zoom 搭配 AI 字幕插件，实时

显示中英双语字幕。这样一来，即使我们的英语水平有限，也能在会议中表现得游刃有余，让老板和同事都以为我们是英语高手。

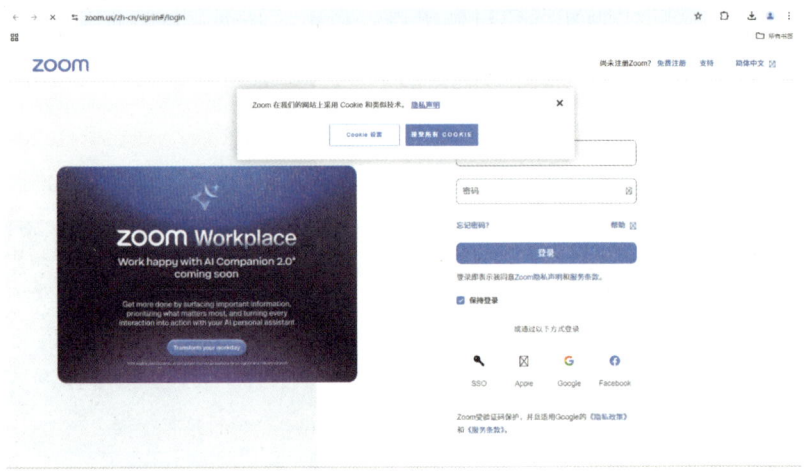

（二）追剧

喜欢看剧的朋友也有福了。通过 Chrome 插件"双语字幕"，我们可以一键切换中英对照字幕。在观看《权力的游戏》等热门美剧的同时，还能顺便学会一些常用的外语表达。

四、注意事项：AI 并非万能

然而，我们也要清楚地认识到，AI 并不是万能的。比如方言翻译可能会出现问题，东北话"波棱盖卡马路牙子秃噜皮了"可能会被翻译成让人一头雾水的"Bone lid card road tooth slipped skin"。此外，文化差异也可能导致误解，像"你吃了吗"翻译成"Did you eat"在某些情况下可能会被老外误解为你邀请他们吃饭。还有，一定要注意保护隐私，千万不能用 AI 翻译银行卡密码，否则可能会触发报警机制。

第五章　进阶与未来——成为 AI 应用高手

五、未来展望：语言会消失吗

随着科技的不断发展，也许有一天脑机接口与 AI 结合，实现"意念翻译"。到那时，我们或许只需要动动脑子就能完成语言转换。但在这一天到来之前，学习外语仍然是非常有必要的。至少当 AI 出现故障时，我们还可以用自己掌握的外语知识来应对各种情况，比如大声喊出"退！退！退"来表达我们的态度。

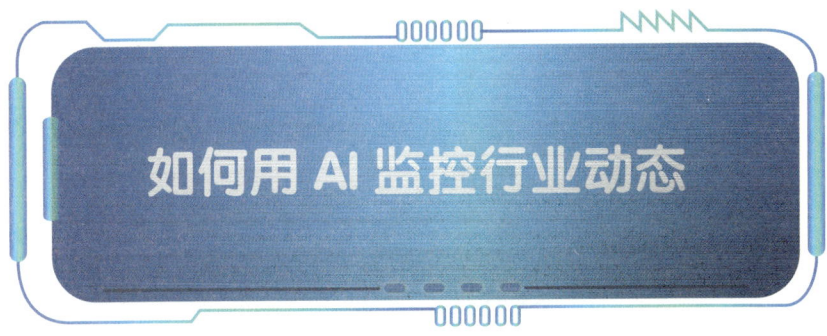

如何用 AI 监控行业动态

在当今信息爆炸的时代，行业动态监控变得越发重要。传统的监控方法如同在浩瀚的信息海洋中捞鱼，而 AI 监控则像是开了外挂的捕鱼工具，为我们提供了更高效、精准的信息获取途径。

一、五步打造你的 AI 监控小秘书

（一）关键词设置

这是 AI 监控的基础，如同教小朋友认字。我们需要为 AI 准备一个"识字课本"，即设置关键词组。建议设置三组关键词：必杀技组合，如行业术语与"爆雷／突破／政策"的组合；八卦雷达组合，竞品名称搭配"裁员／新品／诉讼"；黑科技警报组合，技术名词加上"专利／量产／突破"。同时，要定期更新词库，确保 AI

能准确识别相关信息。

（二）信息抓取

主流的 AI 工具有谷歌 Alerts、Brand 和清博大数据等。在设置时，要明确告知 AI 我们的需求，排除一些钓鱼网站和过滤广告软文，就像给直男选衣服，要明确具体款式。

（三）智能筛选

语义分析是这一步骤的关键。通过重要指数公式和可信度检测，以及情感分析，AI 能够准确筛选出重要信息。例如，遇到"震惊体"标题直接过滤，将"友商新品大卖"转化为对自身的警示。

（四）预警推送

设置智能分级预警，蓝色警报用于行业常规波动，黄色警报针对竞品搞事情，红色警报则是行业地震级事件。同时，可以选择一些魔性提示音，如将微信红包到账声作为普通提醒，将支付宝到账 100 万元的声音作为紧急警报。

（五）报告生成

让 AI 帮我们做年终总结，包括自动生成趋势图、竞品对比表

第五章 进阶与未来——成为 AI 应用高手

和风险预测雷达图。在报告最后加上"本报告由 AI 生成,如有雷同纯属巧合",既能甩锅又能炫技。

二、AI 监控防翻车指南

(一)关键词过时

某科技公司设置"元宇宙"监控,结果天天收到元宇宙炒房广告。这提醒我们要定期更新关键词,避免因关键词过时而收到无用信息。

(二)漏网之鱼

某车企没监控"刹车"关键词,等发现时已经需要召回。这告诉我们要全面考虑可能的关键词,防止遗漏重要信息。

（三）AI 被迫背锅

当老板问为什么没监测到某个政策时，你回答 AI 说这个政策看起来像网站广告，结果老板让你把 AI 带到办公室。这说明我们不能盲目依赖 AI，要对其结果进行合理解读。

三、AI 监控的魔法升级

2025 年，AI 监控将迎来新的玩法。视频监控将能自动解读行业大佬的微表情，例如"王总摸鼻子了，快抛股票"气味分析可通过工厂排放监测竞品生产情况，不过需要搭配电子鼻硬件。此外，还有结合星象学预测行业走势的玄学预测，但这仅供娱乐。

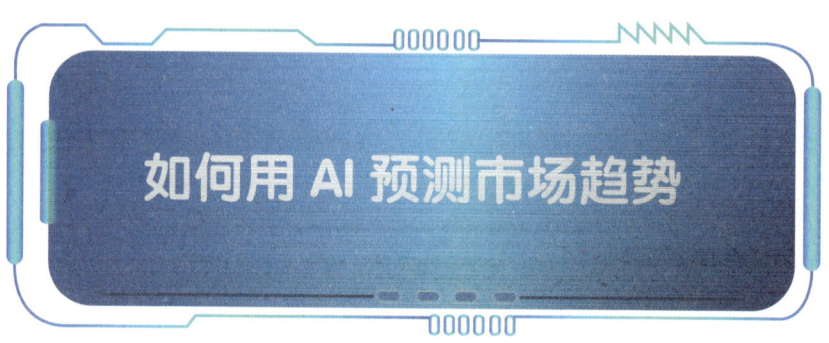

如何用 AI 预测市场趋势

AI 就像是新时代的"水晶球"，为我们提供了一种全新的预测市场趋势的方式。与传统的预测方法相比，AI 能够更高效、更准确地处理大量的数据，并给出有价值的预测结果。无论是股票涨跌、商品价格变动，还是其他市场动态，AI 都能帮助我们做出更明智的决策。

一、数据收集：AI 的菜市场采购

数据是 AI 的食材，就像做番茄炒蛋需要先有番茄和鸡蛋一

第五章 进阶与未来——成为 AI 应用高手

样,AI 预测市场趋势也需要收集各种数据。四大采购清单包括历史价格、社交媒体讨论、新闻事件和竞争对手动态。历史价格记录了市场的波动情况,社交媒体讨论反映了大众的情绪和预期,新闻事件可能对市场产生影响,竞争对手动态则能帮助我们了解市场竞争格局。

为了更高效地收集数据,我们可以使用"八爪鱼采集器"自动抓取网页数据,然后用 Excel 将数据整理成规整的表格。这样,我们就为 AI 准备好了丰富的"食材"。

二、训练你的 AI 大厨

给 AI 装个"市场嗅觉",意味着我们要教 AI 如何识别和处理数据。首先,要把数据切成"训练集"和"测试集",就像分菜板和炒锅一样,分别用于训练和测试模型。其次,选个算法当菜谱,新手建议用线性回归,它相对简单易懂。最后,开始训练!就像开火炒菜一样,让 AI 不断学习数据中的规律。

举个例子:假设 x 是过去 10 天的价格,y 是第 11 天的价格,我们可以使用 Python 中的 sklearn 库进行线性回归训练。

```python
from sklearn.linear_model import LinearRegression

model = LinearRegression()
model.fit(X_train, y_train)
```

人人都能学 AI

三、解读 AI 的"卦象"

训练好的 AI 会输出预测曲线，这时候我们要学会"解签"。平稳曲线表示市场稳如老狗，过山车曲线则意味着快系好安全带，心电图式波动建议备好速效救心丸。同时，我们也要注意避坑，当预测和实际误差超过 10% 时，要赶紧检查是不是数据里有"地沟油"（错误数据）。遇到持续预测失误时，可能需要换个"菜谱"（尝试决策树或神经网络）。

四、实战宝典：AI 预测的十八般武艺

（一）电商老板的读心术

某奶茶店用 AI 分析社交媒体提到"芋泥"次数暴增，于是下周芋泥奶茶原料采购量增加了 30%。天气预报显示周末高温时，提前准备冰饮原料。通过 AI 分析，电商老板可以更好地把握市场需求，提高销售业绩。

（二）散户的防割指南

小明用 AI 预测股票，发现高管减持和负面新闻时立即抛售，

财报公布前 AI 提示上涨概率 80% 时果断加仓。借助 AI 的力量，散户可以降低被割韭菜的风险，提高投资收益。

AI 不是神仙，但比算命靠谱。它就像天气预报，能告诉我们大概率带伞，但没法保证绝对会下雨。通过这本书稿的学习，你已经掌握了数据采购员的火眼金睛、模型训练师的独家秘方和趋势解读师的解签绝活。下次朋友问你怎么预测市场时，你可以神秘一笑："天机不可泄露，不过我的 AI 助手可以……"

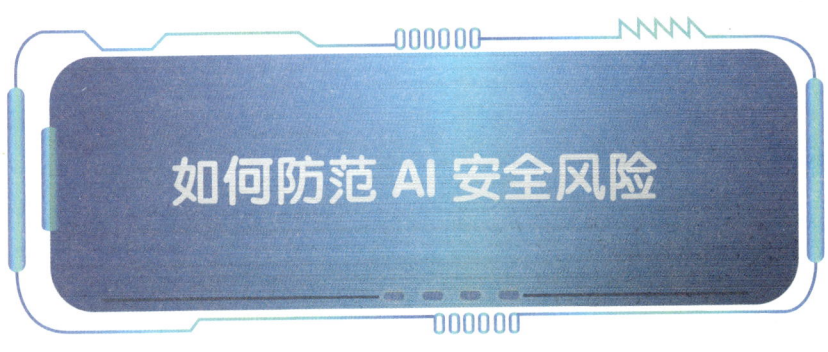

如何防范 AI 安全风险

你知道吗？用 AI 不设防就像住在高档小区却天天不锁门。最近有个程序员小哥，他训练了个 AI 帮自己炒股，结果忘记设置访问权限。这个 AI 就像个话痨，把主人的投资策略在论坛里聊了个底朝天，最后被网友戏称为"股市活雷锋"。所以，AI 安全至关重要。

一、AI 安全风险的分类

AI 安全风险主要分三类。

（一）AI 天然呆（内生风险）

就像总把盐当糖放的厨房新手，可能因为数据偏见犯蠢。这种风险源于 AI 自身的算法和数据处理方式，导致其做出错误的决策或判断。

（二）黑客搞事情（外生风险）

如同专业开锁匠，能通过"对抗攻击"让 AI 把熊猫认成烤面包机。黑客利用技术手段，对 AI 进行攻击和篡改，使其产生错误的结果或行为。

（三）意外惹麻烦（衍生风险）

好比让哈士奇看家，可能拆了房子还顺带拆了邻居家。这是由于 AI 在运行过程中，与其他系统或环境发生交互时产生的不可预测的风险。

二、给 AI 穿上防弹衣

为了保障 AI 的安全，我们需要采取一系列的防护措施，就像给 AI 穿上防弹衣一样。

（一）数据大扫除

就像给蔬菜去农药残留，用蚂蚁集团的"蚁鉴"工具给数据洗澡。

> "蚁鉴"是蚂蚁集团旗下AI安全检测平台，是业内首个产业级支持文本、图像等全数据类型的AI安全检测平台。以下是关于"蚁鉴"的详细介绍：
>
> - **平台升级**：2023年，蚂蚁集团通过与清华等高校和机构联合科研，全面升级了"蚁鉴"至2.0版本。新版本新增了AIGC安全性、AI可解释两项评测能力，使其能够服务于数字金融、教育、文化、医疗、电商等领域的大规模复杂业务场景。
> - **功能特点**："蚁鉴2.0"可实现用生成式AI能力检测生成式AI模型，能够识别数据安全、内容安全、科技伦理三大类的数百种风险，覆盖表格、文本、图像等多种数据和任务类型。它利用智能博弈对抗技术，模拟黑产以及自动化生成海量测试集，对AIGC生成式模型进行诱导式检测计算，从而找到模型存在的弱点和安全问题所在。
> - **开放与应用**："蚁鉴2.0"在2023世界人工智能大会上被正式揭晓并全面开放，面向全球开发者免费提供AIGC安全性、AI可解释性、AI鲁棒性（稳健性）三项检测工具。这一平台的推出，有助于提升AI模型的安全性，为AIGC模型的持续优化提供有力支持。
> - **荣誉与认可**："蚁鉴"的应用沉淀了一套标准，这套标准在国内乃至国际可信AI标准制定过程中发挥了重要的参考价值。同时，"蚁鉴2.0"因其卓越的性能和广泛的应用前景，入选成为2023世界人工智能大会的"镇馆之宝"。
>
> 综上所述，"蚁鉴"作为蚂蚁集团旗下的AI安全检测平台，在保障AI模型安全性方面发挥着重要作用，其2.0版本的推出更是进一步提升了其检测能力和应用范围。

第五章 进阶与未来——成为 AI 应用高手

具体包括：

扔掉带毒的"烂菜叶"（恶意数据）。恶意数据可能会误导 AI，使其做出错误的决策，所以要将其清除。

擦掉蔬菜标签（去除隐私信息）。保护用户隐私是至关重要的，要确保数据中不包含敏感的个人信息。

混合营养搭配（平衡数据分布）。均衡的数据分布可以使 AI 更好地学习和训练，提高其准确性和可靠性。

（二）模型特训班

这就像给 AI 穿上金钟罩铁布衫，同时配备 24 小时保安，实时监控其运行状态。给 AI 做军训，进行对抗训练。

（三）安全开关

像电饭煲的保险装置一样，为 AI 设置安全开关。例如：

温度过高自动断电（AI 行为异常时停止运行）。当 AI 出现异常行为时，及时停止其运行，避免造成更大的损失。

密码锁功能（多因素认证）。通过多因素认证，确保只有授权人员才能访问和使用 AI。

童锁设计（敏感操作二次确认）。对于一些敏感操作，需要进行二次确认，防止误操作或恶意操作。

三、日常防坑指南

在日常生活中，我们也需要注意防范 AI 带来的各种风险。

（一）聊天防套路

遇到 AI 客服问身份证号，立即开启"糊弄模式"：

"我身份证号是 1101011999X 战警大战复仇者联盟。"

这样可以有效保护个人隐私，避免身份信息泄露。

（二）照片防护术

上传照片前用"马赛克面膜"App：

一键模糊背景。

给车牌打码。

人脸替换成熊猫头。这样可以保护照片中的隐私信息，防止被他人滥用。

（三）密码管理妙招

把密码写成科幻小说：

正确密码："三体人1970年登陆火星"。

错误示范："password123"。

使用复杂且独特的密码，可以增加密码的安全性，降低被破解的风险。

四、未来安全畅想

随着技术的不断发展，AI 安全也在不断演进。

（一）全球安全网

25 国专家正在打造"AI 联合国"，未来可能出现：

AI 护照：每个 AI 都有电子身份证。这样可以对 AI 进行有效的管理和监管，确保其合法合规。

国际 AI 警察：专门抓捕恶意程序。维护网络安全，打击恶意 AI 行为。

AI 道德法庭：审判违规 AI。对违规的 AI 进行审判和处罚，保障公众利益。

（二）自检黑科技

下一代 AI 将自带"体检功能"：

早上好，今日自检报告：

道德指数：95 分。

安全防护：防火墙已升级。

情绪状态：想吃重庆火锅。

通过自我检测，及时发现和解决潜在的安全问题。

（三）人机共生法则

记住三句口诀：

重要数据不裸奔（加密）。对重要的数据进行加密处理，保护数据的机密性和完整性。

AI决策要留痕（可追溯）。AI的决策过程需要有记录，以便在出现问题时进行追溯和审计。

遇事不决问专家（联系网信办）。遇到无法解决的问题时，及时向专家咨询，寻求帮助。

就像学会用微波炉不会炸厨房，掌握这些技巧后，你也能轻松驾驭AI。下次遇到AI说"我预测你会买这个"，记得优雅回应："不，我的钱包说它今天想静静。"

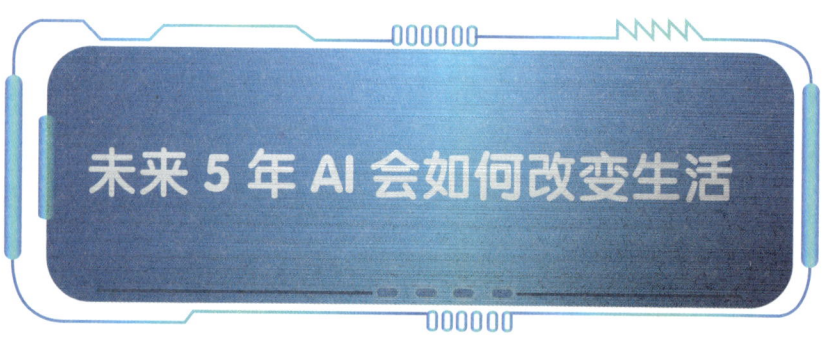

未来5年AI会如何改变生活

AI已经逐渐成为我们生活中不可或缺的一部分。从日常起居到健康管理，再到艺术创作，AI正以各种形式融入我们的生活，为我们带来前所未有的便利和体验。然而，如何正确地与AI共处，让它更好地服务我们的生活，是每个人都需要思考的问题。

一、24小时AI管家：贴心的生活助手

未来5年，我们的手机里将住进一个如同"钢铁侠的贾维斯"般的24小时AI管家。每天清晨7点，它会准时用郭德纲报菜名般的语气唤醒你："今儿个咱家冰箱还剩俩鸡蛋半根黄瓜，您是要煎饼果子还是拍黄瓜套餐？"它不仅能根据家中食材为你提供早餐建

第五章 进阶与未来——成为 AI 应用高手

议，还能帮你管理生活的方方面面。

使用 AI 管家非常简单。只需打开手机应用商店搜索"AI 小管家"，点击下载后允许其访问日历、定位、购物 App 等权限。之后，你就可以通过语音指令与它互动，比如对着手机喊："贾维斯，本月工资到账了吗？"它会立即自动生成收支报表，并贴心地提醒你："主子，您本月奶茶支出可买三双 AJ 了。"AI 管家就像一位贴心的生活助手，时刻关注着你的生活需求。

二、智能家居：个性化的居住体验

智能家居让房子变得比你更懂你自己。想象一下，当你和家人发生争吵时，你家的灯泡可能会像一个和事佬一样劝架："二位别

人人都能学 AI

吵了，根据声纹分析，这位女士的心率已到 120，建议开启减压模式。"说罢，灯光会自动调整，投影仪投放出鲸鱼游动的画面，加湿器喷出海盐味水雾，整个房间瞬间变成了一个宁静的海底世界，空调也会自动调成佛系的 26℃，让你的心情逐渐平复。

你还可以通过智能音箱对智能家居进行各种有趣的操作。比如，对智能音箱说："把客厅变成海底世界。"就能享受到一场奇妙的视觉盛宴；当你心虚时，还可以说："那就……把灯光调成绿色沙拉模式。"这些充满创意的操作让家居生活变得更加有趣和个性化。

三、AI 看病：科技与传统的结合

未来的医院挂号时将出现一个全新的选项：□专家门诊 □主任医师 □ AI 大夫（赠送单口相声服务）。选择 AI 大夫问诊，你

第五章 进阶与未来——成为 AI 应用高手

会体验到一种全新的看病方式。

面对 AI 医生，你只需对着手机摄像头吐舌头、拍舌苔，它就能通过先进的图像识别技术分析你的身体状况。比如，AI 可能会说："您这熬夜熬得，肝都唱《忐忑》了。"然后根据你的病情自动开具药方，如"建议每日 22:00 前上床刷抖音"。不仅如此，药房还会通过无人机送来枸杞味的电子烟（非真抽，纯心理安慰），这种独特的治疗方式既体现了科技的魅力，又融入了一些幽默元素，让看病不再是一件枯燥乏味的事情。

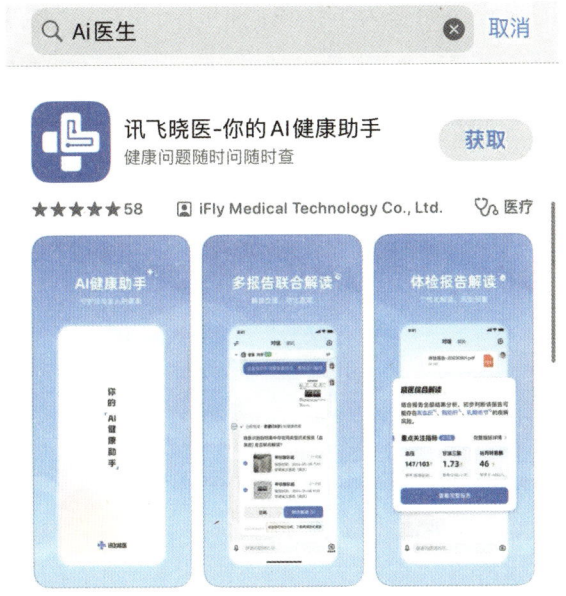

四、AI 创作：人人都能成为艺术家

对于写作困难症患者来说，AI 创作工具的出现无疑是春天的到来。想给女神写情书却不知道如何下笔？没关系，直接对 AI 说："要那种让黛玉看了想蹦迪，宝钗见了要私奔的风格。"AI

就能轻松帮你生成满意的情书。

使用 AI 写作工具非常简单。打开工具后选择"情书模式",输入关键词,如"青梅竹马、食堂抢过鸡腿、她耳机分你一半",就能得到一段充满诗意的文字:"我们的感情就像 WiFi,看不见但总想连。"最后别忘了让 AI 加上:"以上内容由 ChatGPT 生成,最终解释权归您所有。"这样一份独特的情书就完成了。

5 年后的某个清晨,你的 AI 管家可能会根据你当天的行程安排,提前为你订购新款口红并屏蔽朋友圈鸡汤文。AI 的出现并不是要抢我们的饭碗,而是为了让我们把时间花在更有趣的事情上。我们可以教会 AI 说天津相声,或者训练扫地机器人跳《极乐净土》,让它成为我们生活中的好伙伴。让我们以正确的姿态与 AI 共处,共同迎接更加美好的未来。